W0257159

Sitzungsberichte der Heidelberger Akademie der Wissenschaften

Mathematisch-naturwissenschaftliche Klasse

Die Jahrgänge bis 1921 einschließlich erschienen im Verlag von Carl Winter, Universitätsbuchhandlung in Heidelberg, die Jahrgänge 1922—1933 im Verlag Walter de Gruyter & Co. in Berlin, die Jahrgänge 1934—1944 bei der Weißschen Universitätsbuchhandlung in Heidelberg. 1945, 1946 und 1947 sind keine Sitzungsberichte erschienen.

Ab Jahrgang 1948 erscheinen die „Sitzungsberichte" im Springer-Verlag.

Inhalt des Jahrgangs 1950:

1. W. Troll und W. Rauh. Das Erstarkungswachstum krautiger Dikotylen, mit besonderer Berücksichtigung der primären Verdickungsvorgänge. DM 13.40.
2. A. Mittasch. Friedrich Nietzsches Naturbeflissenheit. DM 8.80.
3. W. Bothe. Theorie des Doppellinsen-β-Spektrometers. DM 1.90.
4. W. Graeub. Die semilinearen Abbildungen. DM 7.20.
5. H. Steinwedel. Zur Strahlungsrückwirkung in der klassischen Mesonentheorie. — Die klassische Mesondynamik als Fernwirkungstheorie. DM 1.80.
6. B. Haccius. Weitere Untersuchungen zum Verständnis der zerstreuten Blattstellungen bei den Dikotylen. DM 6.20.
7. Y. Reenpää. Die Dualität des Verstandes. DM 6.80.
8. Petersson. Konstruktion der Modulformen und der zu gewissen Grenzkreisgruppen gehörigen automorphen Formen von positiver reeller Dimension und die vollständige Bestimmung ihrer Fourierkoeffizienten. DM 9.80.

Inhalt des Jahrgangs 1951:

1. A. Mittasch. Wilhelm Ostwalds Auslösungslehre. DM 11.20.
2. F. G. Houtermans. Über ein neues Verfahren zur Durchführung chemischer Altersbestimmungen nach der Blei-Methode. DM 1.80.
3. W. Rauh und H. Reznik. Histogenetische Untersuchungen an Blüten- und Infloreszenzachsen sowie der Blütenachsen einiger Rosoideen, I. Teil. DM 10.—.
4. G. Buchloh. Symmetrie und Verzweigung der Lebermoose. Ein Beitrag zur Kenntnis ihrer Wuchsformen. DM 10.—.
5. L. Koester und H. Maier-Leibnitz. Genaue Zählung von β-Strahlen mit Proportionalzählrohren. DM 2.25.
6. L. Heffter. Zur Begründung der Funktionentheorie. DM 2.30.
7. W. Bothe. Die Streuung von Elektronen in schrägen Folien. DM 2.40.

Inhalt des Jahrgangs 1952:

1. W. Rauh. Vegetationsstudien im Hohen Atlas und dessen Vorland. DM 17.80.
2. E. Rodenwaldt. Pest in Venedig 1575—1577. Ein Beitrag zur Frage der Infektkette bei den Pestepidemien West-Europas. DM 28.—.
3. E. Nickel. Die petrogenetische Stellung der Tromm zwischen Bergsträßer und Böllsteiner Odenwald. DM 20.40.

Inhalt des Jahrgangs 1953/55:

1. Y. Reenpää. Über die Struktur der Sinnesmannigfaltigkeit und der Reizbegriffe. DM 3.50.
2. A. Seybold. Untersuchungen über den Farbwechsel von Blumenblättern, Früchten und Samenschalen. DM 13.90.

Sitzungsberichte
der Heidelberger Akademie der Wissenschaften

Mathematisch-naturwissenschaftliche Klasse

===== Jahrgang 1969, 1. Abhandlung =====

Die Ethia-Serie des südlichen Mittelkreta und ihre Ophiolithvorkommen

Von

Nikolaus Creutzburg

Geographisches Institut der Universität Freiburg i. Br.

und

Joannis Papastamatiou

Lehrstuhl für Lagerstättenkunde und Angewandte Geologie
der Technischen Hochschule Athen

(Vorgelegt in der Sitzung vom 13. Juli 1968)

Springer-Verlag Berlin Heidelberg New York

ISBN-13: 978-3-540-04709-4   e-ISBN-13: 978-3-642-46203-0

DOI: 10.1007/978-3-642-46203-0

Druck der Universitätsdruckerei H. Stürtz AG, Würzburg

Titel-Nr. 3715

Die Ethia-Serie des südlichen Mittelkreta und ihre Ophiolithvorkommen

NIKOLAUS CREUTZBURG

Geographisches Institut der Universität Freiburg i. Br.

und

JOANNIS PAPASTAMATIOU

Lehrstuhl für Lagerstättenkunde und Angewandte Geologie
der Technischen Hochschule Athen

Mit 39 Abbildungen und 2 Falttafeln

Inhaltsverzeichnis

Résumé 3
Einführung 4
Bisherige Literatur 5
Die Merkmale der Ethia-Serie 8
Die Ophiolithe mit ihren Begleitgesteinen in ihrem Verhältnis zur Ethia-
Serie und zum Tripolitza-Flysch 10
Detailbeschreibungen 19
    1. Südlassithi 19
    2. Ostlassithi (Kephala, Selakkano, Katharo) 29
    3. Südvorland (Arvi) und Asterousia-Gebirge 33
Allgemeine Schlußfolgerungen 37
Zusammenfassung der Ergebnisse 42
Περίληψις 44
Bemerkungen zu den Karten und Profilen 46
Literatur 46
Tafeln der Abbildungen 9—39 48

Résumé. Les auteurs ont étudié la structure de la partie méridionale
du massif du Dictea (Lassithi, Crète) et de ses environs. Ils ont discuté
particulièrement les problèmes de l'origine, de l'âge et de la mise en place
des ophiolites de cette région: par conséquent les auteurs se sont occupés
de la question des flyschs. Dans la montagne (p. ex. au « Kalos Potamos »)
on peut remarquer en plusieurs endroits que le magma ophiolitique s'est
épanché dans les sédiments du faciès de radiolarites, celles-ci étant un élément normal de la série d'Ethia, chevauchante sur les termes supérieurs de
l'unité Gavrovo-Tripolitsa. L'âge de ces radiolarites est considéré comme
Néocrétacé (peut-être Paléocène, en partie). De même on observe de nombreux
ophiolites (de la même provenance, souvent avec quelques restes des roches
encaissantes) en position anormale, c'est à dire détachées de leur association

primitive avec les radiolarites et transportées tectoniquement dans le flysch de la base (de la série de Tripolitsa), non seulement dans la montagne mais aussi dans les régions plus basses où le flysch a été accumulé en grande quantité. Conformément à cela on ne peut pas supposer l'existence d'une deuxième nappe provenant peut-être de la zone subpélagonienne et superposée sur la nappe d'Ethia ou du Pinde.

Einführung

Die in der bisherigen Literatur zum Ausdruck kommenden Auffassungen über den geologischen Bau des südlichen Mittelkreta, insbesondere des Lassithi-Gebirges, sind widersprüchlich. Es handelt sich dabei nicht nur um Fragestellungen, die lediglich von lokalem Interesse wären. Gerade Untersuchungen über den Bau Lassithis und seiner Nachbargebiete bieten die Möglichkeit, der Lösung von stratigraphischen und tektonischen Problemen näherzukommen, welche für ganz Mittelkreta, vielleicht sogar für die gesamte Insel von grundsätzlicher Bedeutung sind.

Wenn man von den metamorphen Gesteinen absieht (paläozoischen „Plattenkalken" und meist phyllitisch entwickelten Schiefern, welche überall den Sockel des Gebirges bilden), so treten in Lassithi Teile mindestens zweier, faziell voneinander verschiedener Gesteinsserien in Erscheinung, die mesozoischen bis alttertiären Alters sind. Jede dieser durch bestimmte Eigentümlichkeiten gekennzeichneten Serien entspricht im großen und ganzen einer der bekannten, ursprünglich zonar angeordneten Einheiten innerhalb des Systems der Helleniden. Neuerdings wurde (Aubouin und Dercourt, 1965) unter der Bezeichnung „série ophiolitifère" noch eine dritte Serie ausgeschieden, die aus den zur Gruppe der „Ophiolithe" gerechneten submarinen Eruptiven mitsamt ihren z.T. schwach metamorphosierten Begleitgesteinen bestehen soll.

Versuche zur Klärung der Stratigraphie können in einem so verwickelt gebauten Gebiet besonders dann, wenn sie sich nur auf kurze Stichprobenuntersuchungen stützen, leicht zu Fehlschlüssen führen. Die Serien gehen faziell z.T. ineinander über. Allein schon die fazielle Zuordnung der Flysche bildet ein Problem für sich. Es kommt hinzu, daß die Tektonik äußerst kompliziert ist. Ein Überschiebungsbau liegt vor, er ist an vielen Stellen klar zu beobachten. Vor allen Dingen bringt aber das scheinbar regellose, dichte Netz der zahllosen, vielfach sehr jungen Verwerfungen die verschiedenen stratigraphischen bzw. tektonischen Einheiten so häufig in anormalen Kontakt miteinander, daß die Entwirrung der wechselseitigen

Beziehungen zwischen den erwähnten Einheiten oft auf Schwierigkeiten stößt.

Das sind auch die Gründe, weswegen die Auffassungen der verschiedenen Autoren, die Lassithi — meist nur durch flüchtige Begehungen — kennengelernt haben, derart stark voneinander abweichen. Es erschien den Verfassern geboten, einen begrenzten — und zwar den besonders vielfältig zusammengesetzten, südlichen — Teil des Gebirges einer erneuten, eingehenderen Untersuchung zu unterziehen. Dabei stellte sich heraus, daß es lohnend war, gerade von diesem Gebiet auszugehen und dabei dem Flyschproblem sowie der Frage der Ophiolithe besondere Aufmerksamkeit zuzuwenden. Nachbargebiete wurden, soweit es nötig erschien, in die Untersuchung einbezogen. Die nachstehenden Ausführungen werden versuchen zu zeigen, daß man — was die Überschiebungstektonik anbelangt — nicht zu derart komplizierten Konstruktionen zu greifen braucht, wie andere Autoren (C. RENZ, 1940 und 1955; AUBOUIN und DERCOURT, 1965) sie entworfen haben. Die von den Verfassern gewonnenen Resultate stehen auch im Einklang mit Ergebnissen, die letzthin in anderen Teilen des Ostmittelmeerraumes erzielt worden sind.

Bisherige Literatur

Im südlichen Mittelkreta, speziell im Asterousia-Gebirge (zwischen Messara-Ebene und Lybischem Meer), hatte bereits C. RENZ neben Fazieselementen der Olonos-Pindos-Serie (1940, S. 86) eine besondere Einheit ausgeschieden, die er mit dem Namen „Ethia-Serie" bezeichnete (1930, S. 275; 1940, S. 85 ff.; 1955, S. 256 ff.). Er identifizierte sie, freilich nicht ohne Vorbehalte, mit der Adriatisch-Jonischen Serie Westgriechenlands, obwohl auch für ihn die Fazieseigentümlichkeiten der Ethia-Serie denen der Olonos-Pindos-Einheit verwandt zu sein schienen. Wenn er die Ethia-Serie dennoch eher der Adriatisch-Jonischen Serie zurechnete (und sie als autochthon bzw. durch die Tripolitza-Einheit überschoben betrachtete), so geschah das erstens deshalb, weil die Flyschsedimentation hier spät, im Eozän, einsetzt, zweitens aber, weil er — aufgrund von Beobachtungen, die einer neueren Nachprüfung nicht standgehalten haben — einige kleine Kalkschollen, die einem angeblichen Ethia-Flysch tektonisch aufsitzen, als Kalke der Tripolitza-Serie betrachtete. Diese „Ethia-Serie" verfolgte RENZ nach Osten hin bis in die Gegend südlich des Dorfes Viano. Er rechnete ihr einige auffällige,

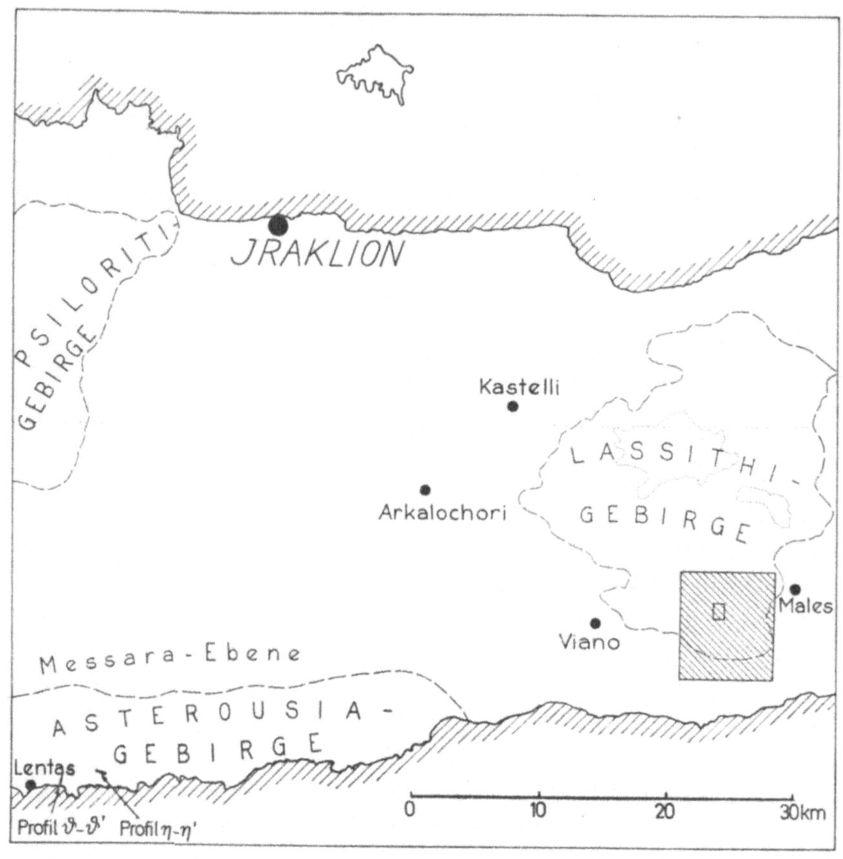

Abb. 1. *Lageskizze des östlichen Mittelkreta* (Lage der geologischen Karten Falttafel 1 und Abb. 3, sowie der Profile Abb. 7—8)

aus dem angeblichen Ethia-Flysch herausragenden Kalkzüge zu, die (z.B. südlich des Klosters Panagia, aber auch weiter östlich) von wilden, cañon-artigen Engschluchten durchrissen sind.

Paraskevaidis (1961, S. 139ff.) dehnte die Untersuchung der Ethia-Serie auf einen weiteren Umkreis des gleichnamigen Dorfes aus; er zeigte, daß sie nördlich eines Vorkommens von Gesteinen der Tripolitza-Zone auftritt und auf diese aufgeschoben ist. Aus dieser tektonischen Position schloß er, daß die Ethia-Serie mit der Olonos-Pindos-Serie identisch sei.

Tataris (1964, S. 298ff.) kam, in der Gegend östlich von Viano, grundsätzlich zu ähnlichen Ergebnissen wie Paraskevaidis, gelangte jedoch — als erster — zu der Ansicht, daß die Ethia-Serie eine Übergangsfazies zwischen der Olonos-Pindos- und der Tripolitza-Serie repräsentiere.

BONNEFONT (1965, S. 29 f.) erwähnt bzw. zeichnet in Südlassithi und im Vorland als aufgeschobene Einheit eine „nappe d'Olonos".

AUBOUIN und DERCOURT (1965 a und b, S. 756 f., S. 814 f.) betrachteten — offenbar in Unkenntnis der vorhergehenden Arbeiten von PARASKEVAIDIS und TATARIS — die Ethia-Serie ebenfalls als Übergangsfazies zwischen Pindos- und Gavrovo-Tripolitza-Zone. Sie beschreiben sie aber nur aus den östlichen Asterousia. Für Lassithi, das Kedros-Gebiet usw. geben sie die Pindos-Serie an.

Die Verfasser, seit Jahren mit geologischen Untersuchungen in ganz Kreta beschäftigt, sind in bezug auf die Ethia-Serie zu ähnlichen Ergebnissen gelangt wie TATARIS bzw. AUBOUIN und DERCOURT, allerdings nicht nur aufgrund von Beobachtungen im Asterousia-Gebirge, sondern auch in der Gegend von Viano, im südlichen Teil des Lassithi-Gebirges und am Kedros. Danach kann sowohl bestätigt werden, daß die Ethia-Serie auf die Tripolitza-Gesteine überschoben ist, als auch, daß sie in ihrer Lithofazies mit Übergangsbildungen zwischen axialer Olonos-Pindos- und Tripolitza-Zone übereinstimmt, wie sie in der äußersten Extern-Zone der Olonos-Pindos-Serie im westlichen griechischen Festland und auch im westlichen Peloponnes beobachtet und beschrieben wurden.

Man könnte demgemäß von „externster Olonos-Pindos-Zone" sprechen. Die Verfasser ziehen es jedoch vor, bei dem nun einmal (seit RENZ, 1930) eingeführten Namen „Ethia-Serie" zu bleiben, um so mehr als auch AUBOUIN und DERCOURT diese Bezeichnung anwenden. In einer früheren Veröffentlichung (1966, S. 177 f.) haben CREUTZBURG und PAPASTAMATIOU auch mit dem Begriff „Kretische Olonos-Pindos-Serie" gearbeitet. Es scheint aber besser, die Nomenklatur nicht unnötig zu komplizieren.

Unsere Untersuchungen ergaben jedoch, daß die Ethia-Serie nicht nur auf das Asterousia-Gebirge und Südlassithi einschließlich seines Vorlandes beschränkt ist, sondern daß auch der Kedros mitsamt den ihm benachbarten Bergen gleichfalls aus Gesteinen der Ethia-Serie besteht (1966, S. 177 f.). Es ist nicht auszuschließen, daß Vorkommen der Ethia-Serie noch an anderen Stellen Mittelkretas vorhanden sind, an denen bisher (axiale) Olonos-Pindos-Serie angegeben wurde.

Die Merkmale der Ethia-Serie

Soweit bisher bekannt ist, bedeutet die Ethia-Serie eine Abfolge von Sedimenten, die im Böschungsbereich zwischen dem Pindos-Trog (oder einem Ast dieses Troges) und einer südlich davon gelegenen Untiefenregion (Gavrovo-Tripolitza-Schwelle) zum Absatz gekommen sind. Es ist bezeichnend, daß an diesen Gesteinen sowohl charakteristische Sedimente tieferer Meere beteiligt sind (pelagische Kalke mit Tiefseeforaminiferen, Radiolarite bzw. Hornsteinschiefer und Hornsteine mit Radiolarien usw.), als auch klastische Bildungen mikrobrecciöser Art, die entweder als „slumps" (Abrutschmassen am oberen Schelfrand) oder als „Turbidite" gedeutet werden können (durch Wirbelströme an den tieferen und steileren Abhängen oft weithin, bis in große Meerestiefen, verfrachtete gröbere und feinere Materialkomponenten). Sie bilden, als mehr oder minder mächtige, oftmals sich wiederholende feinbrecciöse Einlagerungen ein wichtiges Unterscheidungsmerkmal der Übergangszone gegenüber einem axialen Tiefseetrog, dessen Gesteine fast ausschließlich pelagische Sedimente sind. Derartige Feinbreccien, meist reich an teils resedimentierten, teils noch in situ befindlichen Kleinforaminiferen, konnten an zahlreichen Stellen der Gegend östlich von Viano (Südlassithi), in den Asterousia und auch am Kedros-Samitos festgestellt werden (vgl. Abb. 16).

Als weiteres Merkmal der Ethia-Serie kommt hinzu, daß der Beginn der Flyschsedimentation eine merkliche Verspätung gegenüber der axialen Olonos-Pindos-Serie erfährt, daß sich die Verhältnisse in dieser Beziehung also denen in der Tripolitza-Zone annähern. Die Kalksedimentation reicht im Ethia-Bereich bis ins Mitteleozän, während im axialen Olonos-Pindos-Bereich der Flysch den Maastrichtien-Kalken unmittelbar nachfolgt.

Ein drittes Merkmal der Ethia-Serie betrifft die stratigraphische Gliederung. Über die tiefsten Stufen (Trias) ist bisher mit Sicherheit kaum etwas bekannt. Die Funde loser Stücke von Halobienkalken bzw. Halobienhornsteinen durch C. Renz (1930, S. 272) südlich des Kedros und in den Asterousia sind nicht beweiskräftig. Bereits Renz, Paraskevaidis und Papastamatiou (1952, S. 244) haben die Fazieszugehörigkeit des Halobienfundes bei Krya Vrisi (Kedros) in Zweifel gezogen. Die kürzlich aufgefundene obertriadische Ammonitenfauna bei Metaxochori in Ostlassithi (Creutzburg, Klöcker und Kuss, 1966, S. 184ff.) entstammt losen Blöcken, die einem Tripolitza-Flysch aufruhen. Die Herkunft dieser

Blöcke ist ungewiß. Sie könnten beim Vortrieb der Ethia-Schubmasse an unbekannter Stelle abgeschürft worden sein; es wäre also nicht ganz undenkbar, daß sie mitgeschleppte Fragmente aus der Trias der Ethia-Serie bedeuten. Aber das ist Hypothese.

In den östlichen Asterousia liegen Anzeichen für das Vorhandensein nennenswerter Reste tieferer Stufen vor, es ist jedoch nur wenig darüber bekannt. Diese Verhältnisse sollen von den Verfassern noch näher überprüft werden. Jurafossilien wurden an einigen Stellen aufgefunden. Cenoman ist durch C. RENZ südöstlich von Ethia durch den Nachweis des Orbitolinenhorizontes bezeugt (1930, S. 278), ebenso das Maastrichtien (Orbitoidenkalke) und Nummulitenkalke des Eozän, darüber der Flysch. Nach AUBOUIN und DERCOURT (1965a und b), die sich in erster Linie mit den Sedimentationsphasen der Ethia-Serie befaßt haben, enthält die Serie beim Dorf Ethia Kalke, die vom Campan-Maastrichtien bis zum Obereozän reichen, vom Maastricht an mit vielen feinbrecciösen Einlagerungen. Aus den stratigraphisch höchsten Kalken entwickelt sich — in Konkordanz — der Flysch.

In Südlassithi, wo den Verfassern in der Ethia-Serie bisher mit Sicherheit nichts Tieferes als Oberkreide bekanntgeworden ist, ergaben sich neuerdings sehr aufschlußreiche Befunde. Es wurden Teile einer aus Schiefern, schiefrigen Sandsteinen, roten Hornsteinen und dünnplattigen hornsteinreichen Kalken bestehenden Schichtenfolge aufgefunden, die ähnlich ausgebildet ist wie die aus der gesamten Pindos-Zone des übrigen Griechenland seit langem bekannten, sehr mächtigen, vorwiegend silikatisch entwickelten Verbände (von PHILIPPSON als „Schiefer-Hornstein-Gruppe", von C. RENZ als „Schiefer-Hornstein-Plattenkalk-Gruppe", von den neueren französischen Autoren als „Radiolarite" bezeichnet). Während die „Radiolarite" in der axialen Pindos-Zone des Peloponnes und des festländischen Griechenland aber normalerweise den gesamten Jura und die Unterkreide repräsentieren und nicht über das Cenoman hinausreichen, wurde eine derartige Schichtenfolge in Südlassithi in stratigraphisch viel höheren Horizonten nachgewiesen (Maastrichtien, vielleicht sogar Paleozän). Das Auftreten von „Radiolariten" in einem stratigraphisch so hohen Niveau bedeutet ein weiteres, wichtiges Kriterium für die Unterscheidung der Ethia-Serie von der axialen Pindos-Serie. Besondere Beachtung verdient die Tatsache, daß der erwähnte Verband, zum mindesten im südlichen Mittelkreta, ophiolithische Laven enthält.

Die Ophiolithe mit ihren Begleitgesteinen in ihrem Verhältnis zur Ethia-Serie und zum Tripolitza-Flysch

Magmatite der unter der Gruppenbezeichnung „Ophiolithe" zusammengefaßten, submarin erstarrten Eruptivgesteine sind seit C. Renz (1930) von mehreren Verfassern aus Kreta erwähnt bzw. beschrieben worden (Wurm, 1955; Paraskevaidis, 1961; Boekschoten, 1963; Tataris, 1964; Aubouin und Dercourt, 1965a und b usw.). Derartige Vorkommen wurden im Asterousia-Gebirge gefunden, noch zahlreicher sind sie in Südlassithi (Gebiet von Viano—Symi—Mournies—Males, sowohl gebirgseinwärts bis in Höhen von 1800 m als auch im küstennahen Südvorland). Darüber hinaus gibt es Ophiolithe, teils sporadisch, teils gehäuft auftretend, auch fast im gesamten übrigen Mittelkreta, z.B. im Nordost-Psiloriti bei Gonies, ferner südlich von Spili und zwischen Psiloriti und Kedros — um nur die hauptsächlichsten Verbreitungsgebiete anzuführen.

Eine eingehende petrographische Analyse der kretischen Ophiolithe steht noch aus. Sie wurde von den Verfassern auch nicht versucht, da hierüber Untersuchungen von anderer Seite im Gange sind. Nach den vorläufigen Feststellungen der Verfasser liegen in Südlassithi überwiegend Spilite und Augit-Andesite vor. Erst an zweiter Stelle kommen Diabase und Gabbro-Diabase. Viel seltener ist Gabbro bzw. sind Gesteine der Peridotit-Gruppe. Typische Pillow-Laven wurden beobachtet (vgl. Abb. 24). Die in der südostkretischen Ethia-Serie enthaltenen, submarin erstarrten basischen Eruptiva scheinen demnach, in ihrem petrographischen Charakter, vom in der Subpelagonischen Zone vorherrschenden Typus der Ophiolithe (Brunn, 1956, S. 296; Aubouin, 1959, S. 52ff.) nicht unwesentlich abzuweichen.

Die geologische Kartenskizze (Falttafel 1), die, als Ausschnitt aus einer großen, unpublizierten Karte 1:25 000 des gesamten Südlassithi, die Verhältnisse im Gebiet zwischen Kato Symi im W, Mournies im O, Sikologo im S und dem Selakkano-Becken im N in großen Zügen wiederzugeben versucht, vermittelt ein Bild von der Häufigkeit und von der ungefähren Ausdehnung der dort an die Oberfläche tretenden Ophiolithkomplexe, wobei der Maßstab der Karte eine Generalisierung erforderlich machte. Es konnten also nicht sämtliche Vorkommen eingetragen werden, und die Darstellung ist etwas schematisiert.

Die Ophiolithkomplexe sind alles andere als zusammenhängend. Es handelt sich um zahllose, ganz unregelmäßig und manchmal unscharf umgrenzte „Stöcke" oder „Körper", auch um Lavadecken. Teils sind es kleine und kleinste (z.B. nur etwa kubikmetergroße, in den Flysch eingewickelte Lavablöcke umfassende), teils aber, besonders im Südvorland, d.h. zwischen Gebirgsrand und Südküste, auch recht ansehnliche und mächtige Vorkommen. Sie fallen am meisten in den Flyschgebieten nahe am Gebirgsrand und südlich davon ins Auge, und unwillkürlich hat man dort zunächst den Eindruck, daß die Ophiolithe etwas mit dem Flysch zu tun haben, jedenfalls in ihn eingelagert sind bzw. aus ihm herauswittern. Nirgends wurden jedoch die Eruptionskanäle beobachtet, nirgends ließen sich Anhaltspunkte dafür gewinnen, daß die Laven innerhalb des Flysches erstarrt wären.

Es liegt nahe anzunehmen, daß alle diese zur Ophiolithgruppe gehörenden Vulkanite (soweit es sich nicht um Magmatite in den älteren metamorphen Schiefern handelt) einheitlicher Entstehung, gleicher Herkunft und innerhalb gewisser Grenzen auch gleichen Alters sind. Die Lagerungsverhältnisse, besonders im Verhältnis zum Flysch, waren jedoch zunächst nicht mit völliger Sicherheit zu klären. Gerade in diesem Punkt gingen die Ansichten der bisherigen Autoren auseinander.

C. RENZ (1930, S. 276) hielt die Ophiolithe der Asterousia und der Gegend von Viano für in den Flysch der Ethia-Serie eingedrungene Laven, er nahm besonderen Bezug auf die Erscheinungen einer angeblichen Kontaktmetamorphose des Flysches, die er in unmittelbarer Nachbarschaft der Ophiolithstöcke beobachtet zu haben glaubte. Eine ähnliche Ansicht vertrat auch PARASKEVAIDIS (1961, S. 140) in bezug auf die Ophiolithe und den Flysch in den Asterousia (beim Dorf Ethia). TATARIS (1964, S. 300) rechnete die Ophiolithe von Viano—Symi dem Olonos-Pindos-Flysch (s. l.) zu. Es gelang ihm — erstmals — das Alter der ophiolithischen Effusionen aufgrund von Mikrofossilien zu bestimmen, die in karbonatischen Einschlüssen innerhalb der submarin erstarrten Laven enthalten sind. Bei Symi wurden in derartigen Kalkeinschlüssen (durch G. CHRISTODOULOU) bestimmt:

Globotruncana cf. arca (Cushman),
Globotruncana cf. mayroensis (Bolli),
Globotruncana cf. lapparenti tricarinata (Quereau),
Globotruncana cf. lapparenti (Brotzen),
Globotruncana cf. elevata stuartiformis (Dabliez),
Gümbelina sp.,
Pseudotextularia sp.,
Globigerina sp.

Daraus ergab sich das Alter der submarinen Lavaergüsse von Symi als Maastrichtien. Da das die Ophiolithstöcke umgebende Gestein Flysch ist — dessen Sedimentation in der axialen Pindos-Serie gleich nach den Maastrichtien einsetzt —, gelangte Tataris zu dem oben erwähnten Schluß, der etwas von der Renzschen Auffassung abweicht.

Zu dem in Frage stehenden Thema haben Aubouin und Dercourt (1965) eine ganz andere Ansicht vertreten. Diese Autoren leiten die kretischen Ophiolithe mit ihren Begleitgesteinen (Radiolariten, Mikrobreccien, Kalken vom angeblichen Typus des „Ammonitico Rosso", schwach metamorphosierten Schiefern usw.) aus der Subpelagonischen Zone her. Diese Auffassung gründet sich einerseits auf die Vorstellungen der beiden Autoren über die Fazieseigentümlichkeiten bzw. die Sedimentationsbedingungen der die Ophiolithe begleitenden Gesteine, andererseits auf die Annahme, daß die Ophiolithe wie auch die Schollen der Begleitgesteine dem Flysch tektonisch aufruhen. Nach Aubouin und Dercourt sollen diese Vorkommen der „série ophiolitifère" Reste einer besonderen „nappe ophiolitique" bilden, die *auf* die Pindos-Decke bzw. auf deren Flysch überschoben worden sei. Die letzterwähnte Auffassung, die zwei übereinanderliegende Deckensysteme voraussetzt, wird von den Verfassern nicht geteilt.

Es hat sich nunmehr gezeigt, daß im östlichen Mittelkreta Ophiolithe nicht nur auf oder in dem Flysch vor dem Gebirgsrand bzw. im Vorlandgebiet vorhanden sind — wo sie allerdings weitaus am auffälligsten in die Erscheinung treten und mehrfach beschrieben wurden —, sondern auch ohne jeden Zusammenhang mit dem Flysch, im Gebirge selbst, bezeichnenderweise an solchen Stellen, die entlegen sind und sich der bisherigen Beobachtung entzogen haben.

Etwas über 3 km nordöstlich des Dorfes Kato Symi fanden sich in einem Hochtal, dessen südlicher Teil den Namen „Kalos Potamos" trägt, ferner etwas oberhalb davon, am „Rizoma Kipou", und an zahlreichen anderen benachbarten Stellen, innerhalb der S. 9 erwähnten „Gruppe der Schiefer, Hornsteine und dünnplattigen Hornsteinkalke", welche das unmittelbare Liegende oberkretazisch-paleozäner Kalke der Ethia-Serie bildet, neben tuffitischen Lagen viele, noch in ihrem ursprünglichen Verband befindliche Ophiolithkörper bzw. -decken (vgl. die Detailbeschreibungen S. 22ff., die Kartenskizze Abb. 3, die Profile Abb. 4 und 5, die Abb. 13). Die

Ophiolithvorkommen innerhalb dieser Schichten sind so häufig und so typisch, daß es gerechtfertigt erschien, für den in Frage stehenden, im Gegensatz zu den hangenden Kalken vorwiegend silikatisch entwickelten Verband die Bezeichnung „Schichtgruppe mit Ophiolithen" anzuwenden.

Sämtliche in Südlassithi vertretenen Schichtglieder der Ethia-Serie, einschließlich der ophiolithführenden Schiefer-Hornstein-Schichtgruppe, sind einer Unterlage aufgeschoben, die entweder aus einem — meist nur ziemlich geringmächtigen — Flysch oder aus Tripolitza-Kalken besteht. Soweit es sich um Flysch handelt, unterscheidet sich dieser lithologisch und auch altersmäßig in keiner Weise von dem — allerdings viel mächtigeren — Flysch des Lassithi-Südvorlandes; er enthält, wie letzterer, auch isolierte, eingelagerte oder eingeknetete Ophiolithkörper.

Daß die noch im Verband beobachteten Ophiolithe des Gebirges gleichen Ursprungs und gleichen Alters sind wie die außer Zusammenhang mit ihrem ursprünglichen Schichtenverband befindlichen, dem Flysch der Deckenunterlage oder des Vorlandes eingefügten Ophiolithe, ist unbezweifelbar. Der Unterschied ist lediglich ein solcher der Lagerungsform. Weit südlich des Gebirgsrandes bzw. der mutmaßlichen Deckenstirn treten im küstennahen Flyschvorland (z.B. nördlich von Arvi, vgl. S.33 und Abb.31) noch scharf begrenzte, isolierte Schollen der „Schichtgruppe mit Ophiolithen" (mit Hornsteinen, dünnplattigen Kalken usw.) auf, deren Eruptiva den benachbarten, rings von Flysch umgebenen Ophiolithen in jeder Hinsicht gleichen.

Der Flysch des Vorlandes darf ebenso wie der Flysch, der im Gebirge unter der Überschiebungsfläche der Ethia-Decke angetroffen wird, der Tripolitza-Serie zugerechnet werden. In der bisherigen Literatur wurde, wenigstens für die Gegenden nahe am Gebirgsrand, teils von Ethia-Flysch (C. Renz, 1930), teils von Pindos-Flysch (Tataris, 1964; Aubouin und Dercourt, 1965) gesprochen; die beiden letzterwähnten Autoren geben nur aus dem Gebirge selbst (südlich Kopraki) Tripolitza-Flysch an.

Eine Unterscheidung von Flyschen verschiedener Facieszonen allein aufgrund der lithologischen Beschaffenheit wie auch des durch Fossilien belegten Alters ist in Kreta schwierig. In der Ethia-Serie setzt die Flyschsedimentation kaum früher ein als in der Tripolitza-Serie. Nur die Lagerungsverhältnisse des Flysches in bezug auf seine karbonatische Unterlage erlauben eine hinreichend sichere Beurteilung.

Wo im südlichen Lassithi-Gebirge eine Flyschunterlage der Ethia-Schubdecke beobachtet wird, überlagert dieser Flysch die stratigraphisch höchsten karbonatisch entwickelten Partien der Tripolitza-Serie. Das Bild, welches die Auflagerungsfläche bietet, ist durch viele kleine Störungen, auch durch materialtektonisch bedingte Vorgänge (Ablösungen des Flysches von seiner Kalkunterlage und geringfügige Bewegungen) oft etwas verschleiert. Es kann mit Sicherheit angenommen werden, daß es sich um Tripolitza-Flysch handelt, selbst wenn ein völlig konkordanter Übergang des Kalkes in den Flysch nur ausnahmsweise einmal klar zu beobachten ist, wenn man vielmehr häufig den Eindruck hat, daß kleine Diskordanzen vorliegen (vgl. Abb. 10).

Bedenkt man, daß unter einer mächtig vordrängenden Schubmasse die leicht verformbaren Flyschgesteine starken tektonischen Beanspruchungen ausgesetzt waren, daß sie nicht nur über geringe Entfernungen bewegt und ausgedünnt, sondern stellenweise auch abgeschürft bzw. ausgequetscht werden konnten, so werden die heute im Gebirge vorhandenen erheblichen Mächtigkeitsunterschiede des Tripolitza-Flysches verständlich. Der Flysch kann vollkommen fehlen, so daß selbst oberkretazische Ethia-Kalke direkt auf Tripolitza-Kalken liegen. Wenige 100 m davon entfernt kann die Flyschmächtigkeit wieder 50 m und mehr erreichen.

Die zahllosen, aus ihrem ursprünglichen Schichtzusammenhang gerissenen Ophiolithkörper, die dem Tripolitza-Flysch sowohl des Gebirges als auch ganz besonders des Vorlandes auf- bzw. eingelagert sind, können nur auf tektonischem Wege in ihre heutige Lage gelangt sein.

Nicht selten (z.B. 1 km südöstlich von Viano, in den Aufschlüssen an der Straße; bei Symi; bei Terza; westlich von Mournies bzw. unweit von Sfakoura; 1 km nordwestlich von Mithi usw.) ist zu beobachten, daß die Laven sich im Kontakt mit Fragmenten ihrer Begleitgesteine befinden. Diese Vorkommen fallen durch den Materialunterschied sofort ins Auge. Es handelt sich um helle Kalkfetzen, die sich scharf von der dunklen Lava abheben, d.h. um unregelmäßig begrenzte, größere oder kleinere Bruchstücke, oder um ovale Knollen der karbonatischen Gesteine, in die das Magma während des Sedimentationsprozesses in unmittelbarer Nähe des Meeresbodens eingedrungen ist. Eruptiv und Sediment durchdringen sich meist auf das innigste (vgl. Abb. 15, 26, 28, 29). Man sieht apophysenartige Verästelungen der Lava innerhalb des Sedimentes, an anderen Stellen teils ganz kleine, teils größere Kalkeinschlüsse in der Lava, andererseits aber auch Lavafetzen in den Kalken.

Diese von Lava umschlossenen, gelegentlich hornsteinführenden Kalkfragmente unterscheiden sich vielfach, was Farbe und lithologische Beschaffenheit anbelangt, in nichts von den heute noch in Südlassithi anstehenden, meist hellgelblich-grauen Ethia-Kalken, z.T. zeigen sie schwachrosa bis rötliche Farbtönungen.

Ca. $1^1/_2$ km wnw von Terza (nahe der Südküste) konnten in einem derartigen (größeren) Kalkeinschluß Globotruncanen vom Typus der G. lapparenti nachgewiesen werden (vgl. Abb. 39, frdl. Bestimmung durch Herrn Prof. REICHEL, Basel). Die daraus resultierende Altersdatierung (höhere Oberkreide) stimmt gut zu den Angaben von TATARIS (1964, S. 302) über ein ähnliches Vorkommen im Becken von Symi.

Die Kontakte zwischen Lava und karbonatischen Einschlüssen zeigen nicht in allen Fällen bzw. an allen Stellen das gleiche Bild. Teils lassen die Kalke in unmittelbarer Nähe der Kontaktflächen gewisse Verfärbungen erkennen, teils aber auch nicht. Auf Einzelheiten soll hier jedoch nicht eingegangen werden, um späteren Untersuchungen nicht vorzugreifen.

Bereits die bisherigen Befunde berechtigen aber zu dem Schluß, daß die Emissionen des submarin erstarrten Magmas der Sedimentbildung im großen und ganzen synchron waren; die karbonatischen, durch ihre Fossilführung als Oberkreide ausgewiesenen Sedimente sind teils um ein Geringes älter, teils auch unwesentlich jünger als die Lavaergüsse.

Neben den vielen Ophiolithkörpern — mit oder ohne Kalkeinschlüsse — finden sich aber noch andere fremde Gesteinselemente im Flysch: meist ziemlich umfangreiche Schollen intensiv rotgefärbter Kalke, die seltener massig, häufiger gebankt bis schiefrig, sogar blättrig, teils auch schlierig entwickelt sind und manchmal Fältelungen aufweisen. Sie treten namentlich in der Nähe des Gebirgsrandes und im Vorland auf, gewöhnlich in engem Zusammenhang mit Lavakörpern (so z.B. östlich von Viano, östlich von Kato Symi, in den Lapathos-Mulden, südlich von Wachos, nördlich von Arvi, bei Mithi usw.).

Diese durch ihre leuchtend rote Farbe meist schon von weitem sichtbaren Kalkschollen sind schon früheren Beobachtern aufgefallen.

C. Renz (1930, S. 276) betrachtete die rote Farbe als das Ergebnis einer Kontaktwirkung, ausgehend von dem Magma der ophiolithischen Intrusionen. Diese Auffassung ist heute nicht mehr aufrechtzuerhalten.

Aubouin und Dercourt (1965 b) scheinen, soviel sich aus ihren in diesem Punkt sehr knappen Ausführungen entnehmen läßt, die roten Kalke als „Ammonitico Rosso" zu betrachten. Ohne genaue Fundortsbeschreibungen oder nähere Begründungen zu geben, stellen sie sie zu den (subpelagonischen) Begleitgesteinen der Ophiolithe, und zwar an die Basis dieser Serie.

Das Alter einiger dieser roten Kalke ist heute bekannt: Turon bis unterstes Maastrichtien (vgl. S. 28). Das schließt — zum mindesten für diese Fälle — eine Deutung als „Ammonitico Rosso" aus. Die roten Kalke dürften annähernd in der gleichen Phase sedimentiert worden sein, in der auch die Laven gefördert wurden. Über ihre Herkunft sind nur Vermutungen möglich. Heute befinden sie sich in der gleichen tektonischen Position wie die ihnen meist unmittelbar benachbarten Ophiolithe: sie schwimmen auf dem bzw. im Tripolitza-Flysch. Aus ihrem ursprünglichen Verband ausgeschert, sind sie erst nachträglich, während der Gebirgsbildung, in Kontakt mit Ophiolithkörpern gekommen. An einem Straßenaufschluß ca. 900 m südöstlich von Viano, der die Grenzfläche im Jahre 1967 gut bloßlegte (vgl. Abb. 25), ließ sich erkennen, daß ein tektonischer Kontakt vorliegt. Verzahnungen deuten darauf hin, daß die — in diesem Fall stark schiefrigen — roten Kalke entlang einer Störung an die Lava heran- bzw. z.T. in Zwischenräume hereingepreßt worden sind.

Partien oder Lagen roter Kalke sind in der Ethia-Serie, auch in der Schichtgruppe mit Ophiolithen, nicht selten. In der letzteren konnten sie allerdings nie in einer Mächtigkeit beobachtet werden, die derjenigen der isoliert auf dem Flysch schwimmenden Kalkschollen gleichkommt. Das schließt nicht aus, daß innerhalb dieser Schichtgruppe, von der ja nur sehr beschränkte Teile der Beobachtung zugänglich sind, an anderen Stellen auch mächtigere Partien roter Kalke vorhanden sind oder, etwa in tieferen Horizonten, vorhanden waren. Auch die in bezug auf die ophiolithführende Schichtgruppe hangenden Kalke enthalten gelegentlich rötliche bis rote, mehr oder weniger schiefrige Partien (z.B. gleich westlich des Dorfes Metaxochori). Es ist also durchaus möglich, daß die roten Kalke ihre Farbe von Anfang an besaßen.

In der Nähe des Gebirgsrandes gibt es auf dem Tripolitza-Flysch noch eine ganze Reihe von kleineren Schollen nicht rotfarbiger oberkretazischer Ethia-Kalke, z.T. auch größere Schichtpakete, mit Resten der sie normal unterlagernden Schiefer-Hornstein-Gruppe oder auch ohne solche. In ihrer Begleitung findet man Fetzen roter Hornsteinlagen, Tuffite, schwach dynamo-metamorph veränderte Schiefer usw. Stets liegen diese Vorkommen isoliert, aber, im Gegensatz zu den Schollen roter Kalke, meist nicht unmittelbar den Ophiolithkörpern benachbart.

Schließlich sind, dem Tripolitza-Flysch diskordant auflagernd oder in ihn eingebettet, auch Gesteinsblöcke bzw. Gesteinsschollen anzutreffen, die einen völlig fremdartigen Eindruck erwecken (Granite, flaserige Marmore, Blockfragmente von Obertriaskalken, vor allem aber auffällige „Klippen", die aus jurassischen, auch kretazischen Riffkalken, oder aus Kalkkonglomeraten bestehen). Auf mögliche Deutungen dieser Vorkommen wird im Abschnitt „Schlußfolgerungen" kurz eingegangen werden (vgl. S. 39 bzw. 44).

Es sei nochmals betont, daß die Kontakte sämtlicher fremder Gesteinselemente im Flysch (Ophiolithe, Schollen roter Kalke, isoliert auftretende Gesteinspakete der Schiefer-Hornstein-Schichtgruppe bzw. auch Reste der diese Schichten überlagernden Ethia-Kalke, ferner Riffkalk-Klippen usw.) mit dem Tripolitza-Flysch anormal, d.h. tektonischer Natur sind. Keinerlei Primärkontakte zwischen Ophiolithen und Tripolitza-Flysch konnten festgestellt werden, und an keiner Stelle fanden sich Ophiolithe in oder auf einem Ethia- oder Pindos-Flysch (zur Frage des letzteren Flysches vgl. S. 13).

Nirgends, wo auch immer die Aufschlußverhältnisse einwandfreie Feststellungen erlaubten, wurde von den Verfassern in dem hier behandelten Gebiet beobachtet, daß die „Schichtgruppe mit Ophiolithen" etwa den Gesteinen der Ethia-Serie diskordant aufliegt.

Dementsprechend kann nicht die Rede davon sein, daß in Südlassithi eine besondere „nappe ophiolitique" mit Begleitgesteinen wie Ammonitico Rosso usw. vorhanden ist, die aus der Subpelagonischen Zone hergeleitet werden könnte.

Der Schichtverband, den die französischen Autoren „série ophiolitifère" oder „nappe subpélagonienne" nannten (von den Verfassern als ,,Schichtgruppe mit Ophiolithen" bezeichnet), bildet vielmehr ein normales Schichtglied, einen integrierenden Bestandteil der auf die Tripolitza-Einheit aufgeschobenen Ethia-Serie. Die ,,Schichtgruppe mit Ophiolithen" findet sich, wenigstens in stratigraphisch höheren Teilen ihres ursprünglichen Verbandes, am besten aufgeschlossen und in ihrer Lagerung am klarsten erkennbar, zwischen ,,Kalos Potamos" und ,,Rizoma Kipou" im unmittelbaren, normalen Liegenden oberkretazischer, vielleicht schon paleozäner Ethia-Kalke; in geringerer Mächtigkeit, aber doch hinreichend gut sichtbar, auch an vielen anderen Stellen. Das Alter des ophiolithführenden Verbandes aus Schiefern, Hornsteinen, dünnplattigen bis schiefrigen Kalken, Tuffiten usw. kann an den erwähnten Stellen gleichfalls als Maastrichtien bis Paleozän angegeben werden. In vielen, aus dem ursprünglichen Verband herausgeschürften, tektonisch z.T. weit verschleppten und heute isoliert auftretenden Fragmenten sind Bestandteile der Schichtgruppe (überwiegend Ophiolithkörper aller Größenordnungen, daneben Schollen roter Kalke usw.) noch auf bzw. im Tripolitza-Flysch des Gebirges wie besonders auch des Vorlandes nachzuweisen.

Die zeitliche Datierung der Lavaintrusionen innerhalb der Ethia-Serie Südlassithis beruht in erster Linie auf Altersbestimmungen im Bereich der ,,Schichtgruppe mit Ophiolithen" bzw. der diese Schichten im Einzelfall unmittelbar und konkordant überlagernden Kalke (,,Kalos Potamos": Maastrichtien bis vielleicht Paleozän, vgl. S. 25; ,,Kephala": Turon bis Santon, vgl. S. 30; südlich ,,Kopraki": Paleozän bis Eozän, vgl. S. 32). Die Grenzfläche zwischen den tieferen, mehr silikatisch entwickelten und den höheren, fast ausschließlich karbonatisch ausgebildeten Schichtgliedern scheint also, wenn man ein größeres Gebiet überblickt, nicht immer im völlig gleichen stratigraphischen Niveau zu liegen. Tiefere Glieder der — vermutlich in ihrem ursprünglichen Gesamtumfang noch mächtigeren — Schichtgruppe aus Schiefern, Hornsteinen usw. sind aus Südlassithi zwar bisher nicht bekanntgeworden; selbst über die Unterkreide wissen wir gegenwärtig noch nichts. Im Maastrichtien scheint der Magmatismus einen gewissen Höcpunkt erreicht zu haben und dann im Paleozän ausgeklungen zu sein. Im ganzen gesehen stehen die Datierungen der Verfasser im Einklang mit der von Tataris (1964, S. 308) gegebenen zeitlichen Einordnung der Ophiolithe von Symi.

Für die hier vertretene Auffassung über die stratigraphische Gliederung der Ethia-Serie Südlassithis und über den Anteil der

Abb. 2. *Lageskizze für die geologischen Karten* Abb. 3 und Falttafel 1, sowie
für die Profile Abb. 4—6 (Süd-Lassithi und Vorland)

Überschiebungstektonik am geologischen Bau des Gebirges spielen
die Beobachtungen über das Auftreten und die Zuordnung der
ophiolithischen Eruptiva eine entscheidende Rolle.

Detailbeschreibungen

Um die vorstehend in allgemeiner Form vorgetragenen Ausführungen durch typische Einzelbeispiele zu belegen, sollen einige
bezeichnende Befunde, sowohl aus Südlassithi als auch aus angren-
zenden Gebieten, anhand von Kartenskizzen und Profilen eingehender beschrieben werden.

1. Südlassithi

Im Bereich des Kartenausschnittes Falttafel 1 bietet die im ganzen
steil, aber unregelmäßig gestuft abfallende Südflanke des Lassithi-
Gebirges (zwischen Psarimadara-Rücken im Norden und südlichem

Gebirgsrand) in tektonischer Hinsicht das Bild einer im einzelnen sehr verwickelt gebauten, von vielen Verwerfungen verschiedenster Richtungen und ganz ungleicher Sprunghöhen betroffenen Schollentreppe (vgl. die Profile Falttafel 2). Morphologisch wechseln Steilabfälle, z.T. jähe Abstürze, mehrfach mit ebeneren, oft in kleinere Beckenmulden aufgegliederten Schulterflächen ab. Die beiden Serien, die am Aufbau dieses Gebirgsabschnittes Anteil haben (autochthone bzw. parautochthone Tripolitza-Serie und allochthone Ethia-Serie), werden durch die verschiedenen Störungen immer wieder nebeneinandergebracht, so daß (Profil Falttafel 2, β—β') von Norden nach Süden, angefangen am Psarimadara-Rücken, aneinandergrenzen: Tripolitza-Kalke; Tripolitza-Flysch mit Ethia-Kalkresten (Denudationsrelikt des „Kalojeraki"); oberkretazisch-paleozäne Ethia-Kalke, normal unterlagert durch die „Schichtgruppe mit Ophiolithen", aber beides aufgeschoben auf Tripolitza-Flysch; Tripolitza-Kalke und schmale, grabenartig versenkte Zonen von Tripolitza-Flysch; Tripolitza-Flysch mit größeren Resten der „Schichtgruppe mit Ophiolithen" (Becken östlich Symi); Tripolitza-Kalke; mächtigerer Tripolitza-Flysch mit vielen Ophiolith- und Ethia-Kalkrelikten (Südvorland bei Sikologo). Die Profile Falttafel 2, α—α' und γ—γ' zeigen ähnliche Verhältnisse, wenn auch die Reihenfolgen der in anormalem Kontakt aneinandergrenzenden Schichtglieder z.T. etwas anders sind.

Im Bereich der mehr oder weniger breiten Schulterflächen (Lapathos, Protolitsa) und Becken (östlich Symi) tritt vorwiegend Flysch, stets mit Ophiolith- usw. Resten, an die Oberfläche. Dagegen werden die Steilwände und Steilflanken, oft von gewaltigen Schluchten durchrissen, ebenso wie die hohen Bergkämme durch die Kalke (meist Ethia-Kalke, aber auch Tripolitza-Kalke) gebildet.

Tektonisches und heutiges orographisches Relief stimmen in keiner Weise überein, es herrscht fast durchgehend Reliefumkehr.

Abb. 3. *Geologische Kartenskizze des Gebietes zwischen Kalos Potamos und Rizoma Kipou* (Süd-Lassithi). *1* Blockschutt (rezent); *2, 3* Ethia-Serie [*2* Kipos-Kalke, meist gut geschichtet bis grob gebankt, z.T. mit Hornsteinen (Maastrichtien-Paleozän); *3* „Schichtgruppe mit Ophiolithen", a) ungegliedert, b) ophiolithische Lavadecken, c) Schiefer und schiefrige Sandsteine wechsellagernd mit roten Hornsteinen, Lagen meist roter Kalke bzw. schiefriger Kalke, Tuffiten usw., d) dünnplattige, etwas verfaltete graue Kalke mit reichlich Hornsteinen (Maastrichtien bis (?) Paleozän)]. *4, 5* Tripolitza-Serie [*4* Flysch (Ober-Eozän); *5* dickbankige Kalke (Oberkreide bis Mitteleozän)]. *6* Überschiebungslinie; *7* Verwerfungen (beobachtet — vermutet); *8* Lage des Profils Abb. 4

Die — auffallend ungleichmäßige — Abtragung der widerständigen
Kalke könnte sich unter Reliefbedingungen vollzogen haben, die
vollständig anders waren als die heutigen. Der größte Teil der

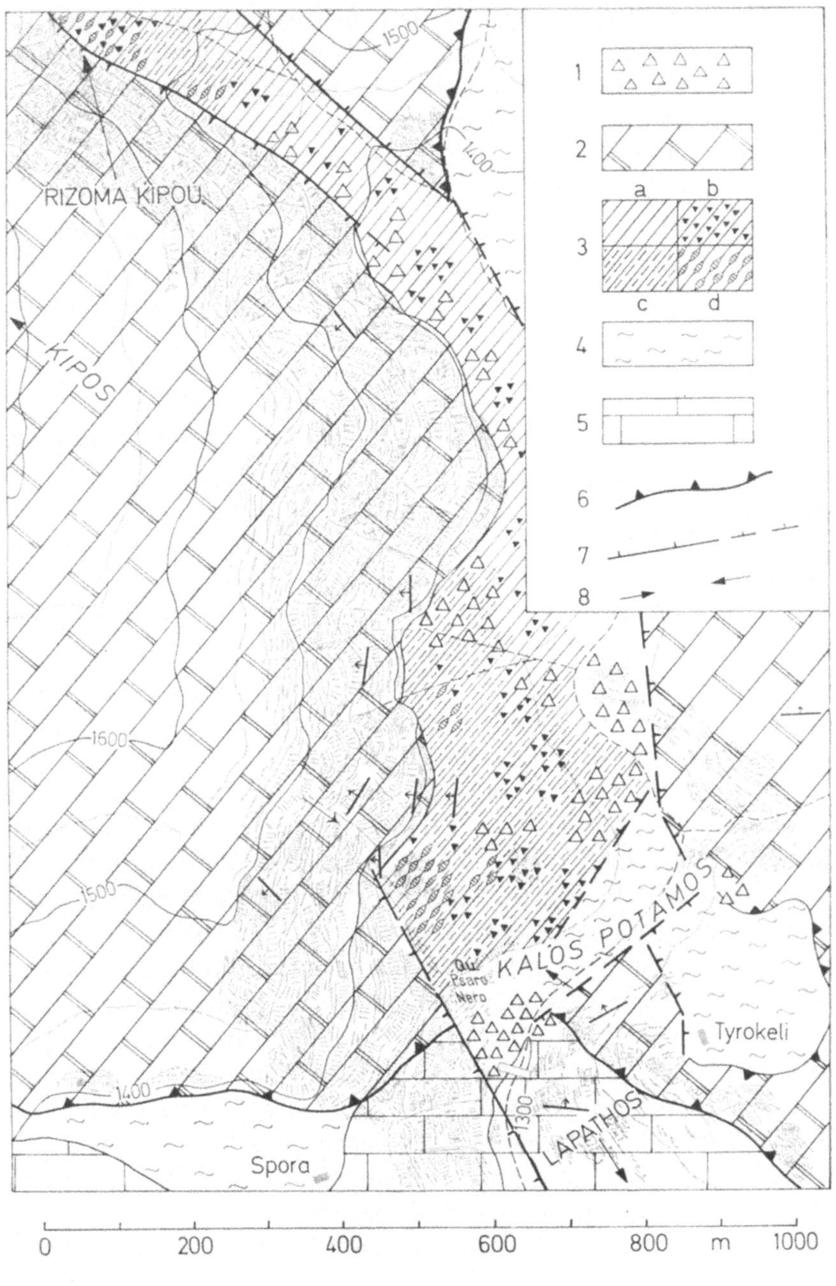

morphologisch noch wirksamen Verwerfungen ist jung, vermutlich plio-pleistozänen Alters.

Diejenigen Befunde, welche den Schlüssel zum Verständnis der stratigraphischen und tektonischen Zusammenhänge lieferten, ergaben sich im Verlaufe systematisch fortgesetzter Begehungen im Raum der Lapathos-Hochmulden (fast genau in der Mitte des Kartenblattes Falttafel 1) und unmittelbar nördlich davon, im Hochtal des „Kalos Potamos" bzw. am Fuß der Kipos-Ostwände bis zur Örtlichkeit „Rizoma Kipou". Zur Verdeutlichung sind die Verhältnisse des letzterwähnten Gebietes in der Skizze Abb. 3 noch einmal in größerem Maßstab dargestellt (vgl. auch die Profile Abb. 4 und 5).

Vom Taleinschnitt des „Kalos Potamos", nahe der Quelle „Psaro Nero", bis herauf zum Bergkamm südlich des Kipos-Gipfels sind die stratigraphisch höheren Partien der Ethia-Serie — in lückenloser Konkordanz, bei durchschnittlichem SSW-Fallen der Schichten — vorzüglich aufgeschlossen, und zwar in einer Mächtigkeit von 200—250 m. Die Kipos-Scholle ist auf Tripolitza-Kalk bzw. Tripolitza-Flysch aufgeschoben; die Überschiebungsfläche steigt nach Norden unter einem Neigungswinkel von etwa 10—15° an. Folgt man dem kleinen Fußpfad von der Mandra (Schafalpe) Spora zur Quelle Psaro Nero, so passiert man die Kontaktfläche (Kipos-Kalke der Ethia-Serie auf Tripolitza-Kalken). Noch deutlicher ist die diskordante Auflagerung der Ethia-Kalke auf Kalke der Tripolitza-Serie gegenüber, am nach der Lapathos-Mulde herunterleitenden Hang jenseits des Bacheinschnittes, sw. der Mandra Tyrokeli, zu erkennen (vgl. Abb. 12).

In der Tiefe des Bachtales „Kalos Potamos" bringen kleinere Störungen die Gesteine der Ethia-Serie mehrfach in anormalen Kontakt mit Tripolitza-Flysch, der auch noch westlich der Bachkrümmung ansteht. Nordwestlich einer in der Richtung SW—NE verlaufenden weiteren kleinen Störung setzt, in einer Mächtigkeit von ca. 60—70 m aufgeschlossen, die bis zum Fuß der abrupt einsetzenden Kipos-Steilwände reichende „Schichtgruppe mit Ophiolithen" ein (vgl. Profil Abb. 4). In dieser Formation wechsellagern rote, seltener auch graugrünliche Schiefer, dünne Sandsteinbänke, rote Hornsteinlagen, geringmächtige meist rote, z.T. etwas schiefrige Kalke, tuffitische Einlagerungen, ferner (etwas höher oben) dünnplattige, leicht verfaltete graue Hornsteinkalke mit sehr zahlreichen, kleineren und größeren, in alle Teile der Formation eingedrungenen, noch im Verband befindlichen Ophiolithkörpern bzw. Lavadecken.

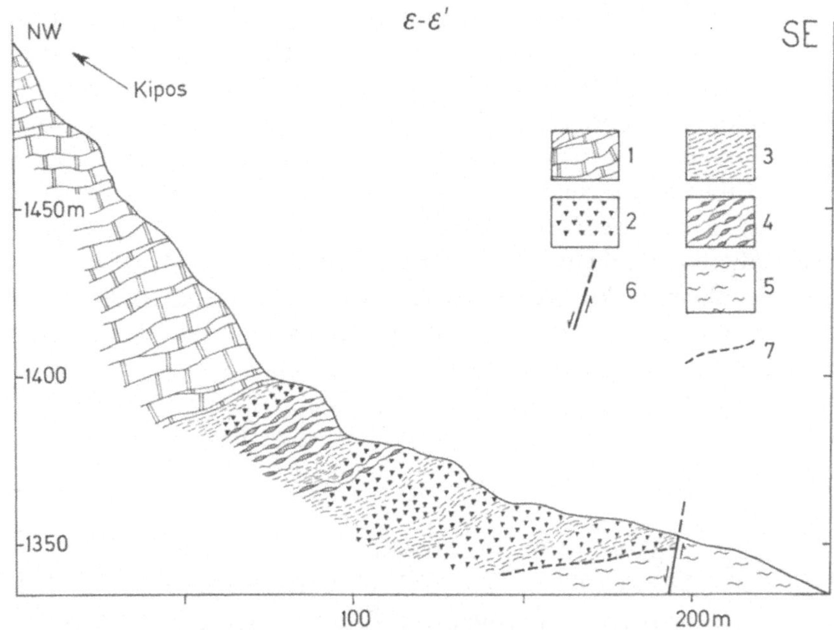

Abb. 4. *Detailprofil Kalos Potamos.* *1—4 Ethia-Serie* [*1* Kipos-Kalke (Maastrichtien bis Paleozän). *2—4* ,,Schichtgruppe mit Ophiolithen'' (*2* Ophiolithische Laven; *3* Schiefer, schiefrige Sandsteine, rote Hornsteine, Lagen vorwiegend roter Kalke und schiefriger Kalke, Tuffite usw.; *4* dünnplattige graue Hornsteinkalke. Maastrichtien bis (?) Paleozän)]. *5 Tripolitza-Serie:* Flysch (Ober-Eozän). *6* Verwerfung. *7* Überschiebung

Die starke Quelle Psaro Nero tritt nahe der Oberkante dieser Schichtgruppe aus. Nach der Höhe zu, d.h. dort, wo in ca. 1400 m Höhe die Steilschrofen beginnen, geht die Formation konkordant in meist dickbankige, etwas spärlicher von Hornsteinen durchsetzte Kalke der Ethia-Serie über, welche die höheren Teile des Kipos-Bergrückens, bis zum Gipfel, zusammensetzen (vgl. Abb. 13).

Die Laven treten hier vorwiegend als Spilite und Augit-Andesite auf.

Was die Datierung der am Kalos Potamos aufgeschlossenen ,,Schichtgruppe mit Ophiolithen'' und der hangenden Kipos-Kalke anbelangt, so führten die Versuche einer Altersbestimmung bisher zu folgendem Ergebnis[1].

---

1. Die Verfasser sind Herrn Prof. Dr. MANFRED REICHEL, Basel, nicht nur für die Durchführung der Fossilbestimmungen zu ganz besonderem Dank verpflichtet, sondern auch für das große Interesse, das er den Arbeiten der Verfasser durch oft wiederholte schriftliche und mündliche Beratungen entgegenbrachte. Die folgenden Ausführungen zur Altersfrage stützen sich ganz wesentlich auf Hinweise und Mitteilungen von Herrn Prof. REICHEL.

In den hornsteinreichen dünnplattigen Kalken der ophiolithführenden Gruppe fand sich eine spärliche Mikrofauna meist nur in Bruchstücken erhaltener und nicht immer völlig einwandfrei bestimmbarer Foraminiferen (Zwergfauna mit zweireihigen hyalinen und rotaloiden Formen, ferner seltene Globorotalien und Globigerinen, Cibicides sp. und das Fragment einer mutmaßlichen Discocyclina). Eine rote Hornsteinlage, schon ziemlich nahe der Grenze gegen die dickbankigen Kalke, ergab Radiolarien und unbestimmbare Schalenreste kleiner, pelagischer Lamellibranchiaten. Die dickbankigen Kalke im tieferen Teil der Kipos-Steilwände enthielten neben Radiolarien-Steinkernen und wenigen Zwergformen einige fragliche Globigerinellen, eine mutmaßliche Lepidorbitoides und Globotruncanen (z.T. wohl aufgearbeitet). Nur bei wenigen Proben aus den Kipos-Kalken handelt es sich um feinbrecciöse Einlagerungen[2].

Aufgrund dieses dürftigen Fossilinhaltes läßt sich vorerst noch kein völlig klares Bild gewinnen. Die Vermischung von (nur teilweise aufgearbeiteten) Formen des Maastrichtien mit solchen, die auf Alttertiär deuten, läßt ein paleozänes Alter der fraglichen Schichtglieder als möglich, jedoch nicht als gesichert erscheinen. In den stratigraphisch höheren Kalken der Ethia-Serie des Kipos scheint die Oberkreide nahezu stufenlos, jedenfalls ohne Änderung des lithologischen Charakters in das Alttertiär überzugehen. Man könnte demnach auch daran denken, daß in der kalkigen Serie des Kalos Potamos—Kipos—Volakas usw. mehr oder minder mächtige Übergangshorizonte vorhanden sind, die neben einigen letzten Maastrichtien-Formen bereits auch Vorläufer oder sporadisch eingestreute Exemplare paleozäner Mikrofossilien enthalten. Erst eingehende und auf die Auswertung eines viel reicheren Schliffmateriales gestützte Detailaufnahmen mehrerer Profile würden sichere Angaben darüber erlauben, wo die Grenze zwischen Maastrichtien

---

2. Für die Mikrobreccien der Ethia-Serie des südlichen Mittelkreta soll auf gewisse Erfahrungen aus dem Kedros-Gebiet hingewiesen werden, die von grundsätzlichem Interesse sind. In Dünnschliffen, die aus feinbrecciösem Material nahe benachbarter Stellen angefertigt wurden, fanden sich entweder nur tertiäre Formen, oder paleozäne bis eozäne Foraminiferen mit (einwandfrei resedimentierten) Maastrichtien-Formen vermischt, z.T. aber auch Oberkreide-Fossilien. Selbst in den letzteren Fällen ist damit zu rechnen, daß es sich um aufgearbeitetes Material handelt. Dann wäre auch hier ein jüngeres Alter als Maastrichtien nicht auszuschließen. Eine Angabe „Oberkreide" (Maastrichtien) kann also, bei Feinbreccien, unter Umständen nur eine provisorische Deutung sein.

und Paleozän, falls sie überhaupt scharf ausgeprägt ist, im einzelnen zu ziehen wäre.

Für die höheren Partien der „Schichtgruppe mit Ophiolithen" am Kalos Potamos und für die tieferen Teile der Kipos-Kalke ist, nach den bisher vorliegenden Ergebnissen, nur folgende vorläufige Altersaussage zu verantworten: *„Oberes Maastrichtien, vielleicht in Paleozän übergehend."* Die Untersuchung weiterer Materialproben könnte diese Angabe vielleicht noch etwas mehr präzisieren.

Es ist mit Sicherheit anzunehmen, daß am Kalos Potamos nur höchste Partien der „Schichtgruppe mit Ophiolithen" sichtbar werden. Tiefere Horizonte sind nicht aufgeschlossen, sie sind hier wahrscheinlich auch gar nicht vorhanden. Nach der Tiefe zu muß, selbst unterhalb des Kipos-Rückens, die Überschiebungsfläche bald erreicht sein (vgl. Abb. 13). Wo die Schubfläche gut 1 km weiter westlich (am Volakas) wieder an die Oberfläche ausstreicht, liegt sie annähernd in gleicher Höhe wie am Kalos Potamos.

Wenn man, vom Kalos Potamos aus, die flacher geböschten, geröllübersäten Hänge zwischen dem Fuß der Kipos-Steilwände und dem Talgrund weiter nach Norden bzw. Nordwesten verfolgt, so trifft man immer wieder auf gute Aufschlüsse der ophiolithführenden Schichtgruppe, und zwar in grundsätzlich gleichbleibender Ausbildung, wenn auch in örtlich wechselnder Aufeinanderfolge der bald dünnplattig-kalkigen, bald mehr schiefrigen, bald vorwiegend aus Lagen roter Hornsteine bestehenden, bald auch tuffitisch entwickelten Horizonte, die stets, in kurzen Abständen, von ophiolithischen Laven durchsetzt bzw. durchbrochen sind.

Etwa 1 km nordwestlich des Kalos Potamos, in der Gegend des „Rizoma Kipou", wo die Steilwände in die Nordwestrichtung umbiegen und dann besonders jäh und ungegliedert sind, wird die Grenze zwischen Kipos-Kalken und „Schichtgruppe mit Ophiolithen" durch eine steil nach SW einschießende Verwerfung gebildet (vgl. Profil Abb. 5). Hier beobachtet man in der ophiolithführenden Schichtgruppe, schon ziemlich nahe an der Verwerfung, deutlich die intensive Durchdringung der (schmutzig-violetten) Lava mit hellen Kalken, die ihre plattige Struktur kaum noch erkennen lassen[3] (vgl. Abb. 15). Etwas tiefer erscheinen dann wieder kompaktere Ophiolithkörper, rote Hornsteine, Schiefer usw.

---

3. Diese hier im Anstehenden, d.h. im ursprünglichen Verband sichtbaren Eruptivkontakte entsprechen vollkommen denjenigen, wie sie häufig bei den in das Flyschgebiet des Vorlandes verschleppten Ophiolithen mit Kalkfetzen usw. beobachtet werden (vgl. S. 14—15).

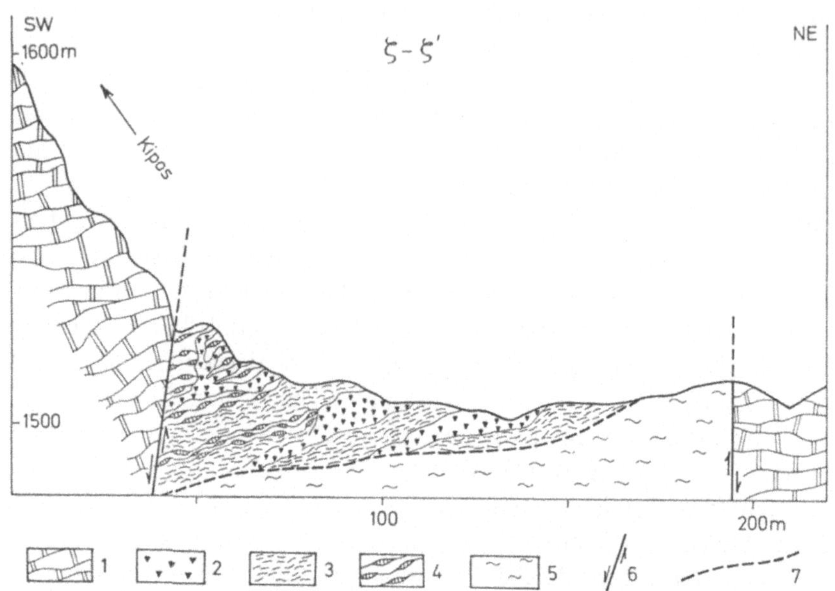

Abb. 5. *Detailprofil Rizoma Kipou. 1—4 Ethia-Serie* [*1* Kipos-Kalke (Maastrichtien bis ? Paleozän). *2—4* ,,Schichtgruppe mit Ophiolithen'' (*2* ophiolithische Laven; *3* Schiefer, schiefrige Sandsteine, rote Hornsteine, Lagen vorwiegend roter Kalke und schiefriger Kalke, Tuffite usw.; *4* dünnplattige graue Hornsteinkalke. Maastrichtien bis (?) Paleozän)]. *5 Tripolitza-Serie:* Flysch (Ober-Eozän); *6* Verwerfungen; *7* Überschiebung

Nördlich dieser Stelle, und noch höher oben, am Chalasias-Sattel (oberhalb der ,,Tria Nera'') sind, in etwa 1800 m Höhe, nur spärliche Deckenreste von Ethia-Kalken der Abtragung entgangen. Hie und da sieht man im bzw. auf dem Tripolitza-Flysch kleine Ophiolithkörper, Restvorkommen roter Hornsteine, und an einigen nicht weit auseinanderliegenden Punkten als Besonderheit mehrere über kubikmetergroße Granitblöcke (vgl. Abb. 17). Dieser im allgemeinen graue, biotitreiche Granit enthielt in einem Fall einen gut abgegrenzten, kleineren granitischen Einschluß von hellrot-fleischfarbener Tönung. Alle diese Restkörper schwimmen auf dem Tripolitza-Flysch.

Im Westen des hohen Kipos-Bergrückens besteht der von weitem sichtbare, isolierte Felszacken ,,Volakas'', gleich oberhalb der Mandra Levra, aus Kalken, die — in einer feinbrecciösen Lage — nach Angaben von Prof. Reichel, Basel, neben Rudistenfragmenten (Radiolites) folgende Foraminiferen enthielten: Orbitoides sp., Lepidorbitoides sp., Omphalocyclus sp., Siderolites sp., Globotrun-

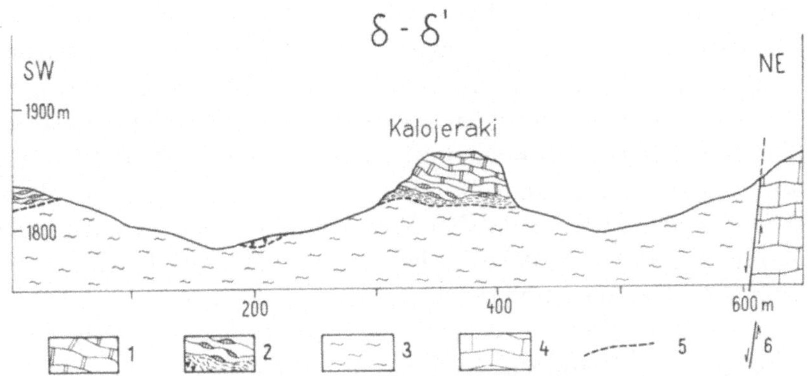

Abb. 6. *Detailprofil Kalojeraki.* *1, 2 Ethia-Serie* [*1* Kipos-Kalke (Maastrichtien bis Paleozän); *2* „Schichtgruppe mit Ophiolithen" (Schiefer, rote Hornsteinlagen, dünnplattige Hornsteinkalke, ophiolithische Laven. Maastrichtien bis (?) Paleozän)]. *3, 4 Tripolitza-Serie* [*3* Flysch (Ober-Eozän); *4* Kalke (Oberkreide bis Mitteleozän)]. *5* Überschiebung. *6* Verwerfung

cana sp. Das würde auf Oberkreide deuten (vgl. aber die Anmerkung S. 24 unten).

Die Volakas-Kalkklippe ist zusammen mit einigen sie direkt unterlagernden kleineren Ophiolithkörpern und deren Begleitgesteinen (Hornsteinen, Schiefern usw.) dem Tripolitza-Flysch aufgeschoben.

Der Fußpfad vom Volakas nach der weiter nördlich in ca. 1800 m Höhe gelegenen Mandra Protolitsa führt in seinem ersten Abschnitt ständig an der Grenze zwischen Kipos-Kalken (mit Orbitoides sp., Lepidorbitoides sp., Cuneolina sp., Accordiella sp. sowie vielen, z.T. das ganze Gestein füllenden Rudisten-Fragmenten) und der diese in geringer Mächtigkeit unterlagernden „Schichtgruppe mit Ophiolithen" entlang. Immer wieder kommen, zwischen dem Hangschutt, rote Schiefer, dünne Lagen roter Kalke, Hornsteine und kleine Eruptivkörper heraus. Etwas tiefer am Hang ist man bereits im Flysch.

Ein besonders eindrucksvolles Bild bietet, 800 m nw der Flysch-Hochmulde Protolitsa, die ziemlich große, warzenartige Kalkkuppe „Kalojeraki", die in ca. 1850 m Höhe völlig isoliert, als ein Auslieger der Ethia-Schubmasse dem Tripolitza-Flysch aufruht (vgl. Profil Abb. 6 und Abb. 19). Sie besteht aus grauen gebankten hornsteinführenden Kalken. Dünnschliffe ergaben Schalenreste von Lamellibranchiaten, ferner Radiolarien und einige stark verdrückte

Foraminiferen. Über das Alter der Kalke läßt sich, bei dem schlechten Erhaltungszustand der wenigen Fossilien, kaum mehr aussagen, als daß es sich vermutlich um Kreide handelt. Am Fuß der Kuppe sieht man unter den Kalken Schiefer, rote Hornsteinlagen usw. Nahebei erscheinen auf dem Flysch Reste kleiner Ophiolithkörper. Kaum 200 m nördlich des Kalojeraki setzt eine streichende Verwerfung großer Sprunghöhe den Flysch direkt neben ziemlich flach lagernde Tripolitza-Kalke, welche den über 2000 m hohen Psarimadara-Rücken zusammensetzen.

Im *Süden* grenzen streichende Verwerfungen bedeutender Sprunghöhe die Kipos-Scholle gegen die sowohl tektonisch wie orographisch tiefer liegende *Lapathos*-Scholle ab, die im ganzen eine schulterartige Verflachung darstellt, in der kleine Mulden und Becken mit niedrigen Hügelrücken abwechseln. Tripolitza-Flysch bildet zwar überall die Basis und tritt, besonders in den Einschnitten, häufig hervor, aber die Ophiolithvorkommen auf dem Flysch sind so zahlreich und z.T. auch so ausgedehnt, daß sie an der Oberfläche nahezu über den Flysch dominieren. Sie fallen schon von weitem durch ihre dunkle, braunrote oder auch graubraune Verwitterungsfarbe auf. Manche sind als schrofige Felspartien herauspräpariert, andere treten am Grunde der Mulden als ganz flache, uhrglasförmige Aufwölbungen in die Erscheinung, die durch ihre fast völlige Vegetationslosigkeit ins Auge fallen (Abb. 20). Oberhalb der Quelle „Rousso" ist, direkt neben einem mächtigen Eruptivkörper, eine große Felspartie herausgewittert, die aus intensiv rotgefärbten, ziemlich dickbankigen Kalken besteht (Abb. 21). Kleinere Schollen roter, auch dünngeschichteter bis schlieriger Kalke sind ebenfalls an anderen Stellen vorhanden, z.B. bei der Kapelle Lapathos; auch dort in unmittelbarer Nachbarschaft von Eruptiven. Rote Kalke und Eruptivgesteine liegen manchmal so dicht nebeneinander, daß sie eine Einheit zu bilden scheinen. Es ist unbezweifelbar, daß diese Gesteine dem Flysch anormal aufliegen und daß sie — nicht mehr im Verband befindliche — Relikte der „Schichtgruppe mit Ophiolithen" darstellen.

Die roten Kalke enthalten Globotruncanen. Nach Auskunft von Prof. Reichel stehen einige der (allerdings meist ziemlich zerdrückten) Exemplare Formen der Globotruncana tricarinata (Quereau) nahe. Das Fehlen typischer Formen des Maastrichtien führt in diesem Fall zu der Vermutung, daß die Kalke aus stratigraphisch etwas tieferen Schichtgliedern stammen. Turon bis unterstes Maastrichtien dürfte ihr wahrscheinlichstes Alter sein. Ein gleiches bzw. annähernd gleiches Alter wäre auch für die begleitenden Lapathos-Ophiolithe anzunehmen.

In einer Kalkeinlagerung innerhalb des Tripolitza-Flysches von Lapathos fanden sich Discocyclinen, kleine Globigerinen und Globotruncanen (letztere, nach REICHEL, resedimentiert). Der Flysch ist also aller Wahrscheinlichkeit nach eozänen Alters, höchstens könnte er vielleicht noch bis ins obere Paleozän herunterreichen.

Aus allen diesen Befunden geht mit Sicherheit hervor, daß in Lapathos oberkretazische Ophiolithe und gleichaltrige rote Kalke, die nur der Ethia-Serie entstammen können, dem Tripolitza-Flysch tektonisch aufgelagert sind.

Die Lagerungsverhältnisse in der Lapathos-Hochmulde, beim Kalos Potamos, unterhalb der Kipos-Ostwände bis herauf zum Chalasias-Sattel und bis nach Protolitsa bzw. bis zum Kalojeraki wurden eingehender beschrieben, weil sie die entscheidenden Belege für die S. 37 ff. formulierten Schlußfolgerungen liefern. Nirgendwo sonst in Südlassithi ist die „Schichtgruppe mit Ophiolithen", konkordant von Kalken der obersten Kreide bzw. des Paleozän überlagert, in einer derartigen Mächtigkeit gut aufgeschlossen, nirgendwo anders beobachtet man in so klarer und eindeutiger Weise die Ophiolithkörper einerseits noch in ihrem ursprünglichen Verband, andererseits — nicht weit davon entfernt — jedoch losgerissen aus ihrem primären Schichtzusammenhang, aber in beiden Fällen einem jüngeren Flysch tektonisch aufruhend.

Die angeführten Beispiele stellen keine Einzelfälle dar, sie ließen sich beliebig vermehren. An vielen anderen Stellen in Südlassithi, auch im Vorlandgebiet, ergaben sich grundsätzlich analoge Befunde — nur, daß die Dinge sonst nicht so modellhaft klar liegen, da wegen der beispiellosen Zerstückelung durch Brüche selbst kleine und kleinste Schollen ganz verschiedener Zusammensetzung (Oberkreide- oder Paleozänkalke, Teilglieder der ophiolithführenden Schichten, Flysch, Tripolitza-Kalke) nebeneinander, aber in völlig ungleiche tektonische Positionen gekommen sind.

2. Ostlassithi (Kephala, Selakkano, Katharo)

Etwa 6 km nordöstlich von Lapathos zeigt der *Kephala*-Berg (1150 m, westlich des Dorfes Metaxochori) Befunde, welche das am Kalos Potamos gewonnene Bild vervollständigen. Wenige 100 m westlich der Gipfelkuppe beobachtet man, daß die das kleine Berg-

massiv aufbauenden Gesteine der Ethia-Serie Tripolitza-Kalken
aufgeschoben sind, die in der Talschlucht ein tektonisches Halb-
fenster bilden. Das Kephala-Massiv selbst ist durch viele kreuz und
quer verlaufende Verwerfungen in eine ganze Anzahl kleiner Einzelschollen zerlegt, die tektonisch verschieden hoch liegen. Auf hohen
schulterartigen Verebnungen nordöstlich und südwestlich der Gipfelkuppe tritt in geringer Ausdehnung Flysch zutage, der den Kalken
aufzuliegen scheint. Ophiolithe wurden nicht gesehen. Es könnte sich
in diesem Fall um Ethia-Flysch handeln. An einigen der Kephala-
Schollen (z.B. nördlich des Papas-Lakkos in 900—950 m, ferner
300 m weiter westlich, direkt unter den Gipfelsteilwänden in ca.
1050 m) ist die „Schichtgruppe mit Ophiolithen", vorwiegend
schiefrig-kalkig entwickelt, mit Eruptiven und mit rötlichen tuffitischen Zwischenlagen, gut aufgeschlossen. Im Südosten und Osten,
am Bergfuß, sind die Schichtglieder der Ethia-Serie jedoch nicht
Tripolitza-Kalken, sondern einem ziemlich mächtigen Tripolitza-
Flysch tektonisch aufgelagert, der an seiner Oberfläche Reste von
Ophiolithkörpern erkennen läßt und im übrigen von „Klippen"
(z.T. bizarr geformten Felszähnen) meist oberkretazischer Kalke
wie übersät ist. Eine dieser Felsbastionen deutet nach ihrem Inhalt
an Kleinforaminiferen (Heterohelix sp., Globigerina cretacea d'Orb.,
Globotruncana arca Cushm., Globotruncana linneiana d'Orb.) auf
Campan[4]. In unmittelbarer Nähe der letzterwähnten Klippe fanden
sich auch die S. 8 angeführten Blöcke mit einer obertriadischen
Ammonitenfauna. Das sind also alles, im Verhältnis zum Flysch,
fremdbürtige Elemente, die teilweise wohl von weither verschleppt
sind (wie die roten Ammonitenkalke), teilweise auch aus der Nähe
stammen können. Kalke aus den höchsten Partien der ophiolithführenden, stark schiefrig entwickelten Schichtgruppe an der Nord-
seite des Papas Lakkos enthalten sehr häufig Globotruncana cf.
coronata Bolli, sie wären in das Turon bis Santon zu stellen (vgl.
Abb. 38). Die Ethia-Kalke des — wie gesagt, tektonisch stark zer-
stückelten — Kephala-Massivs reichen aber bis ins Paleozän (Discocyclina cf. Seunesi Douv., Globigeriniden, kleine Rotaliden,
Glomalveolina sp.; aus höheren Horizonten, als sie in der Nachbarschaft des Papas Lakkos vorliegen)[5].

---

4. Die Bestimmungen verdanken die Verfasser der Freundlichkeit von
Herrn Prof. Dr. H. Hagn, München. Was die fazielle Zuordnung des Flysches
am Kephala-Ostfuß anbelangt, so müssen die Angaben in Creutzburg-
Klöcker-Kuss (1966, S. 201) heute entsprechend berichtigt werden.
5. Nach brieflichen Mitteilungen von Herrn Prof. Dr. Reichel, Basel.

Nördlich der Kephala ist, an den Hängen der tief eingeschnittenen Schlucht westlich von Christos, wiederum die Unterlage aus Tripolitza-Kalken fensterartig entblößt (vgl. Abb. 22). Noch weiter nach Norden zu tritt aber die Ethia-Serie mit allen ihren charakteristischen Eigentümlichkeiten erneut in die Erscheinung. Die große, wnw des Dorfes Males gelegene Hochmulde des *Selakkano* entspricht tektonisch einer tiefen, grabenartigen Einsenkung inmitten des Gebirgskörpers. Im östlichen Teil (Höhenlage ca. 900—950 m) ist sogar ein nicht unbedeutender Neogenrest (molasseähnliche Konglomeratbänke in marinen, z.T. etwas sandigen Kalkmergeln) der Abtragung entgangen. Nördliche und südliche Flanke der in Richtung nach Westen bald erheblich ansteigenden Hochmulde bestehen aus Rudisten- bzw. Nummuliten-Kalken der Tripolitza-Serie. Im Grunde des Beckens haben sich infolge der tektonischen Versenkung auf Tripolitza-Flysch unzusammenhängende, z.T. auch vom Neogen überdeckte Reste der Ethia-Serie erhalten können. Das sind nicht nur Kalke (in denen sowohl Oberkreide als auch Paleozän festgestellt wurde), sondern auch viele Relikte der „Gruppe mit Ophiolithen". Unmittelbar südlich des Neogenvorkommens sieht man zahlreiche Eruptivkörper, und auch kleinere Schollen der typischen roten Kalke, wie sie aus der Lapathos-Gegend beschrieben wurden, sind vertreten. Tripolitza-Flysch mit aufgelagerten Ophiolithen und auch mit Ethia-Kalken konnte in westnordwestlicher Richtung bis hoch herauf (Mandra Asphendami, 1700 m) verfolgt werden. Verwerfungen grenzen dieses relativ schmale Vorkommen im Norden, wahrscheinlich auch im Süden gegen die Tripolitza-Kalke ab.

Nordöstlich des Selakkano-Beckens folgt zunächst eine Lücke, die durch Neogen (Breccien und molasseartige Bildungen) ausgefüllt ist. Dann erhebt sich, im Norden, die steile Bergkuppe des Koureli (oberkretazische Ethia-Kalke auf Tripolitza-Flysch geschoben), der die Verbindung zu dem Berggebiet westlich und südwestlich des *Katharo*-Hochbeckens (ca. 1200 m) herstellt. Aus der Gegend des Kopraki-Beckens (nordwestlicher Teil des Katharo) haben AUBOUIN und DERCOURT (1965 b, S. 802—803) anhand eines skizzenhaften Profils u.a. eine Klippe aus kretazischen Pindos-Kalken mit unterlagernden Radiolariten („avec quelques lambeaux d'andésites"), auf Tripolitza-Flysch geschoben, beschrieben. Die beiden Autoren äußern aber auch (S. 803) die Vermutung, daß subpelagonische Deckenreste vorhanden sein könnten, da sie im Bachbett des Beckens Ophiolithgerölle auffanden.

Begehungen der Verfasser in der gesamten Gegend südlich des Kopraki-Beckens (bis zum Skafidara bzw. bis zum Koureli-Berg) ergaben folgendes Bild. Das ganze Berggebiet zwischen den Hügeln südlich von Kopraki bzw. Parthiano (im Westen), dem kleinen Plateauberg Kastri (im Südwesten), den Bergen Skafidara—Plevra—Sympraga—Koureli (im Süden) und dem Katharo-Becken (im Norden und Nordosten) besteht in der Hauptsache aus Ethia-Kalken, in denen mindestens Paleozän, sehr wahrscheinlich sogar Eozän vertreten ist. An zahlreichen Stellen (Nordrand, ferner südlich und südöstlich des „Lakkos Ochra" — ca. 2 km ssw der Häusergruppe Kopraki —, dann am Sattel nördlich des Skafidara-Berges usw.) kommen direkt unter den Kalken die rötlichen Schiefer, z.T. auch rötliche Kalke, Hornsteine und (z.B. am Lakkos Ochra) ophiolithische Eruptiva zum Vorschein. Die Mächtigkeit der ophiolithführenden Schichtgruppe ist hier allerdings nicht groß. Proben aus den unmittelbar auflagernden Kalken ergaben: Alveolina sp. (kleine und Reste von größeren Formen), Asterocyclina sp., Discocyclina sp., Assilina cf. placentula, Cuvillierina sp., Heterostegina sp., Nummulites sp., ferner fragliche Miscellanea und Asterigerina (vgl. Abb. 36 und 37). — An einer anderen Stelle fanden sich neben Discocyclinen auch Globigerinen; eine weitere Probe enthielt Milioliden und kleine Rotaliden. Abgesehen von der letzterwähnten Probe, bei der Oberkreide möglich wäre, belegt dieser Fossilinhalt oberes Paleozän und Eozän[6]. Es liegt also mit Sicherheit die Ethia-Serie vor.

Die Schichtglieder dieser Serie sind ihrerseits einem Tripolitza-Flysch aufgeschoben, der fast überall die Basis bildet und der vor allem das ganze Hügelgelände des südöstlichen Katharo-Beckens bis zum Chrysophytoporo-Sattel und bis in die Gegend nördlich des Chalasmeno-Berges (1392 m) zusammensetzt. Diesem Flysch des südöstlichen Katharo tektonisch auf- bzw. eingelagerte größere Ophiolithkörper sind den Verfassern seit langem bekannt.

Südwestlich des Katharo-Flyschgeländes stehen, am Rande des Berggebietes, zunächst Tripolitza-Kalke an, die im Norden bis zu den Hügeln bei der Kapelle Ag. Dimitrios reichen. Verwerfungen grenzen diesen Tripolitza-Kalkstreifen gegen die aus den Schichtgliedern der Ethia-Serie bestehende, tektonisch tiefer liegende Scholle Skafidara—Sympraga ab.

---

6. Die Fossilbestimmungen verdanken die Verfasser den Herren Prof. Dr. Manfred Reichel, Basel, und Dr. G. Christodoulou, Athen.

Es ergibt sich also, daß südlich des Kopraki-Beckens weder Kalke der axialen Pindos-Serie noch irgendwelche Deckenreste aus der Subpelagonischen Zone vorhanden sind. Selbst wenn die fraglichen Kalke südlich Kopraki nur oberkretazischen Alters wären, so würde diese Tatsache — zumal ein unmittelbar nach der Oberkreide einsetzender Flysch von AUBOUIN und DERCOURT nicht beobachtet wurde — noch kein unbedingtes Argument für ihre Zuordnung zur axialen Pindos-Serie bilden. Entscheidend für die Zurechnung zur Ethia-Serie sind — ganz abgesehen von dem fast unmittelbaren Zusammenhang mit den Ethia-Vorkommen im Selakkano und weiter südlich — 1. das Auftreten von bis ins Alttertiär reichenden karbonatischen Schichtgliedern, 2. die einwandfrei zu beobachtende Unterlagerung durch die ophiolithführende Gruppe.

3. Südvorland (Arvi) und Asterousia-Gebirge

Nahe der Südküste, etwa 1,5 km nördlich der kleinen Siedlung *Arvi*, ist ein ca. 4 km langer und im Durchschnitt 500—600 m breiter Tripolitza-Kalkzug horstartig aus seiner Umgebung herausgehoben, die im Süden aus Neogen, im Norden vorwiegend aus Tripolitza-Flysch besteht. Die von der Küste her rückschreitende Erosion hat den Kalkzug mehrfach in z.T. tief eingeschnittenen Engschluchten durchbrochen. Dort, wo das pittoreske Arvi-Cañon (im Norden) beginnt, grenzen die Tripolitza-Kalke, entlang einer etwas geknickt verlaufenden Verwerfung, zunächst an einen ziemlich schmalen Flyschstreifen. Dann folgt, nach Norden zu, jenseits einer weiteren, etwa im Zuge des kurzen Längstalabschnittes verlaufenden Längsstörung (die das nördlich angrenzende Gebiet im Verhältnis zum Flyschband und zum Kalkzug tektonisch tiefer gesetzt hat) eine auffällige und eigenartige, dem Flysch tektonisch aufgelagerte größere Scholle, die aus sehr charakteristischen Schichtgliedern der Ethia-Serie besteht (vgl. Profil Falttafel 2, γ—γ' und Abb. 31). Nordöstlich der scharfen Talumbiegung, an der steil ansteigenden Bergnase, sind die Ethia-Gesteine bis in eine Höhe von ca. 550 m zu verfolgen, andererseits reicht die Scholle aber, nördlich des längsverlaufenden Talabschnittes, bis unter das Niveau der Bachsohle (etwa 300 m). Die starke Verfaltung bzw. Durcheinandermengung der Schichtglieder zeigt in eindrucksvoller Weise, welchen tektonischen Beanspruchungen derartige, aus dem ursprünglichen Schichtzusammenhang gerissene und auf dem Tripolitza-Flysch bis weit nach Süden gekommene Ethia-Schollen ausgesetzt waren. Oben an

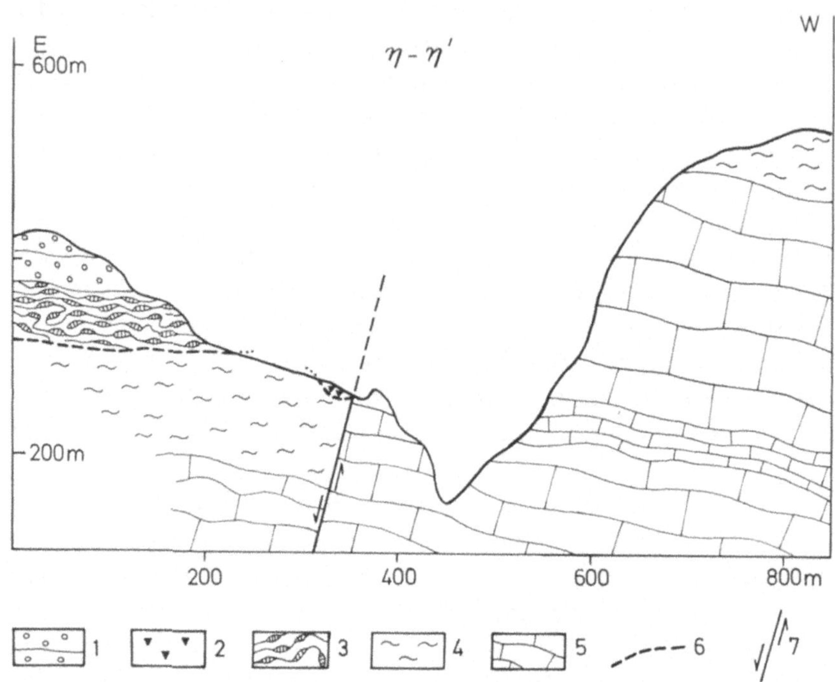

Abb. 7. *Detailprofil südlich Agia Paraskevi* (Asterousia). *1* Neogenbreccie;
2, 3 Ethia-Serie [*2* ophiolithische Laven; *3* dünnplattige graue Hornsteinkalke (Maastrichtien?)]. *4, 5 Tripolitza-Serie* [*4* Flysch (Ober-Eozän);
5 Kalke (Kreide bis Mitteleozän)]. *6* Überschiebung; *7* Verwerfung

der Bergnase bemerkt man, daß die ziemlich dünnbankigen, unregelmäßig verfalteten oberkretazisch-alttertiären Ethia-Kalke sehr steil
(durchschnittlich bis 70°) nach SSE einfallen. Im Liegenden dieser
Kalke werden immer wieder die Schiefer, Hornsteine usw. der
„Schichtgruppe" sichtbar, aber überall — sowohl in der Höhe wie
unten in der Nähe des Talgrundes — sind größere und kleinere, vielfach schrofig herausgewitterte Eruptivkörper eingeschaltet. Schollen
roter Kalke mit Globotruncanen, in direktem Kontakt mit den
ophiolithischen Laven, treten in ca. 300 m Höhe, nahe der Talumbiegung auffällig hervor.

Weiter nördlich und nordöstlich sind in dem ganzen, dicht und
tief zertalten Flyschrückengebiet der „Koryphes" zahllose, tektonisch aufgelagerte, oft mit dem Flysch vermengte Ophiolithkörper
vorhanden, stellenweise auch kleine Kalkschollen. Ähnliche Verhältnisse wie nördlich des Arvi-Cañons wiederholen sich etwa 5—6 km
weiter östlich, im Umkreis (besonders südlich) des Dorfes Sikologo.

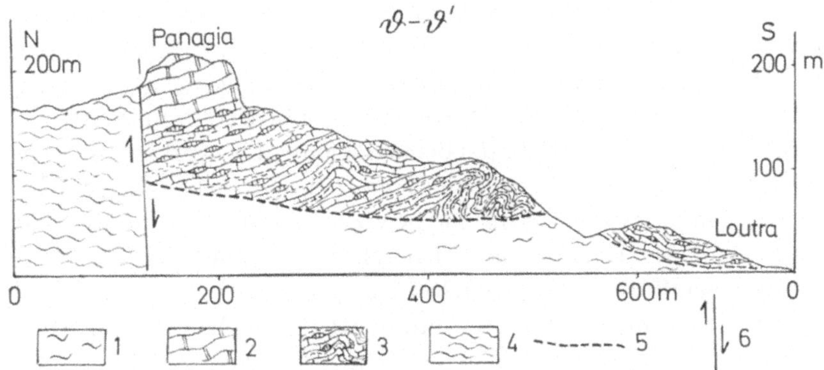

Abb. 8. *Detailprofil Panagia—Loutra-Bucht* (östlich Lentas). *1 Tripolitza*-Flysch (Ober-Eozän); *2, 3 Ethia-Serie* [*2* grob gebankte bis massige Kalke (Oberkreide); *3* dünnplattige Kalke mit Hornsteinbändern und Schieferzwischenlagen (Maastrichtien, vielleicht tiefer herabreichend?)]. *4* Amphibolitschiefer (Permotrias?); *5* Überschiebung; *6* Verwerfung

Auch aus dem westlichen Südvorland könnten noch viele weitere Beispiele herangezogen werden.

Im *Asterousia*-Gebirge sind, auch außerhalb des zusammenhängenden, bereits seit C. RENZ (1930) bekannten Verbreitungsgebietes bei den Dörfern Ethia und Achedrias, kleinere Vorkommen der Ethia-Serie (einschließlich „Schichtgruppe mit Ophiolithen") an mehreren Stellen beobachtet worden. In geringer Ausdehnung, aber unter sehr bezeichnenden Lagerungsverhältnissen wurden von den Verfassern Schichtglieder der Ethia-Serie im mittleren Teil der Gebirgskette (gleich südlich der Kapelle Ag. Paraskevi, zwischen dem Dorf Vasiliki und der Südküste) aufgefunden. Die Einzelheiten ergeben sich aus dem Profil Abb. 7. Stratigraphisch höhere Schichtglieder sind nicht mehr vorhanden (zweifellos abgetragen). Die dünnplattigen, etwas verfalteten Hornsteinkalke werden diskordant von jungen (neogenen) klastischen Bildungen überlagert, wie sie in Südküstennähe auch an anderen Stellen auftreten. Nur unter den Bedingungen einer erheblichen tektonischen Versenkung haben sich derartige Relikte erhalten können.

Weitere, etwas größere Vorkommen innerhalb des mittleren Gebirgsabschnittes sind wenig südlich des Dorfes Apessokari, ferner — nahe der Südküste — nicht weit von der kleinen Siedlung Lentas vorhanden. Etwa 3 km östlich von Lentas wurde eine größere, tektonisch versenkte Scholle beobachtet, die die oberkretazischen Schichtglieder der Ethia-Serie in einer Mächtigkeit von über 200 m

3*

zeigt. Nördlich der kleinen Bucht Loutra zieht sich, parallel zur Küste, in einer Länge von ca. 600 m ein schmaler, aber durch seine schroffen Wandabstürze sehr auffälliger Felsriegel hin, der auf seiner Höhe die Kapelle Panagia trägt (vgl. Profil Abb. 8 und Abb. 32). Er besteht aus grob gebankten bis massigen Ethia-Kalken, die bisher nur Globotruncanen, kleine Rotaliden und Cibicides ergaben (Oberkreide, genauere Einstufung bleibt vorbehalten). Das unmittelbare Liegende dieser Kalke bildet ein an scharfer, durch Materialtektonik etwas beeinflußter Grenzfläche einsetzender mindestens 150 m mächtiger Komplex der aus dünnplattigen Kalken, roten Hornsteinen und Schiefern bestehenden Schichtgruppe (vgl. Abb. 33). Die Zusammensetzung ist einförmiger als sonst. Es überwiegen die sehr dünnschichtigen, bald häufiger, bald seltener von Hornsteinbändern durchsetzten gelblichgrauen bis graurosa gefärbten Kalke; in den tieferen, örtlich stark gefältelten Partien werden die Einschaltungen dünner rötlicher Schieferlagen zahlreicher (vgl. Abb. 34). Ophiolithische Laven wurden hier nicht beobachtet. Die gesamte, im Norden gegen Amphibolitschiefer verworfene Scholle ist auf Tripolitza-Flysch aufgeschoben; der tektonische Kontakt ist am Westende der Loutra-Bucht, direkt an der Küste, gut aufgeschlossen (vgl. Abb. 35). Das hier nur in vorläufiger Form beschriebene Vorkommen soll, im Zusammenhang mit anderen benachbarten, von den Verfassern noch genauer untersucht werden.

Zwischen Loukia und Kapetaniana sowie auf der Höhe des Gebirgskammes nordöstlich des letzterwähnten Dorfes wurden Reste der „Schiefer-Hornstein-Gruppe" festgestellt. Auch dort sind die Untersuchungen noch nicht abgeschlossen. Es sei aber betont, daß die Verfasser nach ihren Beobachtungen die von Aubouin und Dercourt (1965 b, S. 814) vertretene Ansicht, die Aufschiebung einer „Subpelagonischen Serie" auf die externe Pindos- (= Ethia-) Serie sei gerade in den mittleren Asterousia „sehr klar" zu sehen, keinesfalls bestätigen können.

Der Ethia-Flysch dürfte, als stratigraphisch höchstes und gleichzeitig am leichtesten zerstörbares Schichtglied der gesamten Serie, am frühesten und in weitaus stärkstem Ausmaß der Abtragung zum Opfer gefallen sein. In Südlassithi haben sich noch einige geringe Reste, z.T. tektonisch versenkt, erhalten (Kephala, ferner südlich von Kopraki, wahrscheinlich auch noch an einigen anderen Stellen). Da sichere Kriterien meist fehlen, ist im Einzelfall — gerade bei kleinen Vorkommen — die Unterscheidung von Tripolitza-Flysch schwer. Für die östlichen Asterousia ergibt sich aus den Lagerungsverhältnissen, daß mindestens nordöstlich des Dorfes Ethia, an der Nordflanke des Asphendilias-Berges, Ethia-Flysch vorhanden ist. Weitere Untersuchungen dürften Klarheit darüber erbringen, ob Ethia-Flysch dort auch noch an anderen Stellen vorkommt.

Allgemeine Schlußfolgerungen

Insgesamt läßt sich aussagen, daß im südlichen Mittelkreta die Verbreitung von Schichtgliedern der aufgeschobenen Ethia-Serie erheblich größer ist, als bisher angenommen wurde. Das gilt insbesondere für Südlassithi, aber auch für das Asterousia-Gebirge und darüber hinaus für das Kedros-Gebiet. Viele Vorkommen, die früher allgemein der Pindos-Serie zugerechnet wurden, müssen heute als Bildungen der pindischen Externzone, d.h. der „Ethia-Serie" aufgefaßt werden. Für das übrige mittlere und auch das westliche Kreta sind nur wenige Angaben möglich. Nach den Ergebnissen von SEIDEL (1968), der kürzlich das Gebiet von Paliochora eingehend untersucht hat, scheint festzustehen, daß dort jedenfalls nicht die axiale Pindos-Serie vorliegt. Ob der Ablagerungsraum der Pindos-Schichten dieses Gebietes aber am Außen- oder am Innenrand der Fazieszone lag, scheint noch nicht hinreichend geklärt zu sein; SEIDEL neigt bisher der letzteren Auffassung zu. Die Verhältnisse in anderen, z.T. nur kleinen, z.T. aber auch ausgedehnteren Verbreitungsgebieten pindischer Gesteine in Kreta sind noch nicht genügend bekannt.

Im Lassithi-Südvorland, zwischen Gebirgsrand und Südküste, wird der dort in auffallender Mächtigkeit vorhandene Flysch von den Verfassern nicht (wie seinerzeit von C. RENZ, 1930, angenommen) als Ethia-Flysch, sondern als Tripolitza-Flysch aufgefaßt. Der langgestreckte, nördlich von Arvi aus dem Flysch aufragende Kalkzug gehört ebensowenig in die Ethia-Serie. Es handelt sich um die Tripolitza-Einheit.

Was den stratigraphischen Umfang der Ethia-Serie anbelangt, so ist anzumerken, daß die Serie in Südlassithi (soweit bisher bekannt) ausschließlich, im Asterousia-Gebirge jedenfalls zum großen Teil durch ihre oberkretazisch-alttertiären Schichtglieder repräsentiert wird. Es dominieren dabei die meist gut geschichteten bis grob gebankten Kalke (vom Typus der „Kipos-Kalke"), welche in einer Mächtigkeit von 200—250 m die stratigraphisch höchsten karbonatisch entwickelten Glieder der gesamten Serie bilden. Diese Kalke, die bezeichnenderweise durchweg viel stärker deformiert sind als die z. T. gleichaltrigen Tripolitza-Kalke, beherrschen, entsprechend ihrer Neigung zur Steilwandbildung, allenthalben das Erscheinungsbild der Oberflächenformen.

Demgegenüber sind die im normalen Liegenden dieser Ethia-Kalke noch anstehend nachweisbaren, in buntem Wechsel aus Schiefern, Schiefersandsteinen, Tuffiten, roten Hornsteinkomplexen sowie grauen, dünnplattigen Hornsteinkalken bestehenden und mehr oder weniger häufig von Lavakörpern und Lavadecken durchdrungenen Bildungen viel unauffälliger. Frühere Beobachter haben sie auch, wenigstens als Verband, nicht bemerkt oder nicht zutreffend gedeutet. Das mag auch daran liegen, daß diese Bildungen manchmal fehlen, so daß die wohlgebankten, oberkretazisch-alttertiären Ethia-Kalke direkt auf Tripolitza-Flysch oder sogar auf Tripolitza-Kalken liegen. Stellenweise sind die Bildungen der ophiolithführenden Gruppe nur wenige Meter mächtig, oft von Hangschutt überdeckt und nicht sehr deutlich zu erkennen; nur in wenigen Fällen erreichen sie größere Mächtigkeiten.

Es kann kaum zweifelhaft sein, daß die Gesamtmächtigkeit der erwähnten Gesteinsfolge ursprünglich, in ihrem einstigen Sedimentationsraum — den man sich viel weiter nördlich vorstellen muß — größer gewesen ist, als es nach den heute in Kreta beobachteten Vorkommen den Anschein hat. Wie groß die Mächtigkeit war, wie tief die Schichtgruppe stratigraphisch herunterreichte, ist allerdings nicht bekannt.

Von den überschiebenden Bewegungen, welche Teile der Ethia-Serie in ihre heutige tektonische Position in Südlassithi gebracht haben, sind also in erster Linie die relativ kompakten Schichtverbände der oberkretazisch-alttertiären Kalke erfaßt worden, dagegen von der unterlagernden Wechselfolge aus Schiefern, Hornsteinen usw. nur obere Horizonte. Die Ablösungsfläche der Schubdecke muß also, soweit Südlassithi in Frage kommt, innerhalb des vorwiegend schiefrig bzw. silikatisch entwickelten Verbandes gelegen haben. Es dürfte kaum einen Zufall darstellen, daß gerade diejenigen, stratigraphisch hohen und höchsten Partien der Schichtgruppe, die durch das gehäufte Auftreten von Lavadecken und Eruptivkörpern eine gewisse Versteifung erfahren hatten, zusammen mit den hangenden Kalken von ihrer Unterlage abgelöst und in die Bewegung einbezogen wurden. Etwas tiefere, vorwiegend aus Schiefern, Hornsteinen usw. bestehende Horizonte könnten die bevorzugte Gleitbahn dargeboten haben.

Wenn stellenweise der Schichtenverband fehlt, so mag sich das z.T. daraus erklären, daß leicht verformbare, den tangential wirkenden Kräften wenig Widerstand entgegensetzende Schichtglieder ausgequetscht worden sind — ebenso wie sehr wahrscheinlich auch der Tripolitza-Flysch örtlich ausgequetscht wurde. Man gewinnt aus den Befunden in Lapathos, östlich von Kato Symi und vor allem im Südvorland auch den Eindruck, daß im Zusammenhang mit derartigen Vorgängen an der Basis der mächtig vordrängenden Schubdecke widerständige Gesteinskörper — Komplexe ophiolithischer Laven, aber auch z.B. die Schollen roter, globotruncanenführender Kalke usw. — aus ihrem Verband losgerissen, herausgelöst, z.T. von der Decke vor sich hergeschoben und schließlich mit dem eozänen Tripolitza-Flysch vermengt bzw. in ihn eingeknetet worden sind.

Ophiolithkörper, die sich heute außerhalb ihres ursprünglichen Verbandes, aber nicht selten mit roten Kalkschollen usw. vergesellschaftet, in anormalem Kontakt mit dem Tripolitza-Flysch befinden, sind im Südvorland, auch im Südost- und Ostvorland (Gegend von Mournies—Mithi, auch bei Males) ungleich häufiger, meist auch größer, als im Gebirge selbst. Andererseits bleiben die ausgedehnteren, mächtigeren und mehr oder weniger zusammenhängenden Vorkommen der oberkretazisch-alttertiären Ethia-Kalke so gut wie ausschließlich auf das Gebirge beschränkt. In den Vorlandgebieten beobachtet man nur vereinzelte, isolierte, oft in kleine Einzelschollen zerfallene, stets stark deformierte Überreste. Die Mächtigkeit des Tripolitza-Flysches der Vorländer übertrifft diejenige der Flyschvorkommen des Gebirges bei weitem. Es ist kaum anzunehmen, daß das Flyschdach der Tripolitza-Kalke ursprünglich derartige Mächtigkeitsunterschiede aufwies. Daß der Tripolitza-Flysch vor der Phase des Deckenschubes ganz ungleichmäßig abgetragen wurde, ist auch wenig wahrscheinlich. Wo man den Flysch im Vorland gut aufgeschlossen sieht, ist er in höchstem Maß deformiert, gequält, zerschert, verfaltet (vgl. Abb. 27). Die Vermutung, daß dieser Flysch erst tektonisch, etwa vor der Überschiebungsstirn, zu großen Mächtigkeiten aufgehäuft wurde, liegt nahe. Dabei könnten die aus ihrem Verband gerissenen Ophiolithe, die roten Kalkschollen, evtl. auch die „exotisch" anmutenden „Klippen" mit verschleppt worden und in ihre heutige Lage gekommen sein — ohne daß man sich vorzustellen brauchte, daß eine zusammenhängende Ethia-Schubdecke mit allen ihren oberkretazisch-alttertiären Schichtgliedern jemals bis zur heutigen Südküste gereicht hat, und daß nur die Ophiolithe (bzw. wenige Reste der Begleitgesteine) als einzige, der Abtragung entgangene Relikte übriggeblieben wären. Anders wäre es auch schwer erklärbar, warum gerade in einem tektonisch so tief liegenden Krustenstreifen wie im Südvorland die stratigraphisch höheren, schwer zerstörbaren karbonatischen Schichtglieder bis auf ganz geringe Ausnahmen fehlen, während sie im tektonisch relativ hoch herausgehobenen Gebirge erhalten geblieben sind.

Im Gebirge selbst ist die einstige Ausdehnung der Ethia-Decke ohne jeden Zweifel größer gewesen. Was heute noch vorhanden ist, sind lediglich durch die Bruchtektonik gegeneinander verstellte und ihres Zusammenhanges beraubte, z.T. auch durch die Eintiefung der Schluchttäler voneinander getrennte Reste eines ehedem viel größeren Ganzen. Diese nur bruchstückweise erhaltenen, aber nichtsdestoweniger sehr eindrucksvollen Reste sind in der Hauptsache auf einen relativ kleinen — den südlichsten — Teil des Lassithi-Gebirgsstockes beschränkt. Einige, durch tektonische Versenkung von der Zerstörung verschont gebliebene Relikte im Zentrum des Gebirges (z.B. Vorkommen von Tripolitza-Flysch mit auf- bzw. eingelagerten Eruptivkörpern in der zentralen Lassithi-Hochebene, beim Dorf Ag. Georgios) deuten an, daß die aufgeschobene Serie auch noch weiter nördlich vorhanden war. Ungeheure Mengen der aufgeschobenen Karbonatgesteine, aber auch erhebliche Anteile der ophiolithführenden Schiefer-Hornstein-Gruppe müssen abgetragen worden sein. Das ergibt sich schon aus dem Geröllinhalt der mächtigen obermiozänen Konglomerate im östlichen Zentral-Lassithi (vgl. Bonnefont, 1965, S. 28 ff.).

Im Asterousia-Gebirge dürften die Verhältnisse teilweise etwas anders liegen als in Südlassithi. Die größeren und zusammenhängenderen Vorkommen der Ethia-Serie besitzen dort ungefähr die gleiche Ausdehnung wie diejenigen Südlassithis, aber sie liegen etwas südlicher, und ein breites Flyschvorland fehlt. Tiefere Teile der Schichtserie (Jura und Unterkreide) sind paläontologisch nachgewiesen. Das stratigraphische bzw. tektonische Verhältnis dieser tieferen Schichtglieder zu den oberkretazisch-alttertiären ist noch nicht geklärt. Die Schiefer-Hornstein-Gruppe ist z.T. etwas anders zusammengesetzt als in Südlassithi; vor allem ist sie ärmer an Ophiolithen. Weitere, eingehendere Untersuchungen sind von den Verfassern geplant.

Es wäre von Interesse, den Rahmen noch weiter zu spannen und der Frage nachzugehen, ob sich nicht nur im weiter westlich gelegenen Kreta, sondern auch in Westgriechenland (Peloponnes, ätolischer Pindos, Westepirus) bzw. in der nordöstlichen Fortsetzung des Inselbogens (Rhodos) in zonar ähnlicher Position Ophiolithe finden, die sich nach Alter und Herkunft mit denen Südlassithis und der Asterousia vergleichen lassen. Nur wenige Aussagen sind möglich. Auf die ausgedehnten Ophiolithvorkommen der Subpelagonischen Zone, für die ein oberjurassisches Alter angenommen wird, braucht nicht eingegangen zu werden, da sie keinen Zusammenhang mit denen der pindischen Externzone besitzen.

Die zahllosen Ophiolithe Mittelkretas (Gonies, vor allem aber im Raum rings um den Kedros) sind noch nicht näher untersucht. Bei Paliochora (Südküste des äußersten Westkreta) hat SEIDEL in der Pindos-Serie eine Anzahl meist kleiner und kleinster Ophiolithvorkommen festgestellt (1968, S. 35 ff.). Es handelt sich um einige Blöcke (teils isoliert liegend, teils zwischen Jurakalke eingeschoben), vorwiegend aber um vulkanische Komponenten (kleine Gerölle usw.,) die in — allochthonen — Detrituskalk-Bänken des mittleren und des oberen Jura, z. T. noch in Kalkbreccien des Cenoman enthalten sind. Die gesamte Oberkreide ist dort aber karbonatisch entwickelt, sie enthält zwar gelegentlich Bänke von Detrituskalken, die jedoch keine Spuren vulkanogenen Materials aufweisen. Das sind also, auch in stratigraphischer Hinsicht, ganz andere Verhältnisse, als sie z. B. in Südlassithi vorliegen.

Aus der pindischen Externzone Westgriechenlands sind vereinzelte Ophiolithvorkommen von mehreren Autoren erwähnt worden, zuerst bereits von HILBER (1896), später von C. RENZ, AUBOUIN usw. Die Auffassungen über das Alter dieser Ophiolithe sind jedoch keineswegs einheitlich. C. RENZ hat für die Vorkommen in den äußeren Pindos-Ketten einerseits nur vage Vermutungen geäußert (Oberjura, 1955, S. 341), andererseits aber doch mit der Möglichkeit auch jüngerer (oberkretazischer) eruptiver Phasen gerechnet (S. 366). AUBOUIN (1959, S. 95) glaubt, für die gleiche Gegend, an Eruptionen basischer Eruptiva im Unterjura, also zu einem früheren Zeitpunkt als in der Subpelagonischen Zone. DERCOURT (1960, S. 418) kommt für die — offenbar geringfügigen — Vorkommen in der frontalen Schuppenzone des Westpeloponnes zu keiner genaueren Datierung. BRUNN (1956, S. 108), der die Altersfrage der Ophiolithe nur in allgemeiner Form diskutiert und sich nicht speziell mit

den Ophiolithen der externen Pindos-Zone beschäftigt hat, gelangte
— aus grundsätzlichen Überlegungen heraus — zu der Ansicht, daß
die extern-pindischen Ophiolithe in das Maastrichtien zu stellen
wären.

Die Frage bleibt also offen. Eine exakte Altersdatierung ist in
Westgriechenland sicherlich viel schwerer zu geben als in Kreta.
In Rhodos dürfte es nicht viel anders sein. Selbst die neue geologi-
sche Karte 1:50000 (Mutti, Orombelli und Pozzi, 1968) verzeich-
net für die Rhodos-Ophiolithe keine andere Altersangabe als
,,Jura—Kreide?''.

Vergleiche, selbst Mutmaßungen über weiträumigere Analogien
sind also heute noch mit großen Unsicherheiten behaftet, sie müßten
einer späteren Zeit vorbehalten bleiben.

Zusammenfassung der Ergebnisse

1. Im südlichen Mittelkreta sind, über einer Basis aus vorwiegend
paläozoischen, durchweg metamorphen Gesteinen, Teile zweier
faziell verschieden ausgebildeter, im Regelfall nichtmetamorpher
stratigraphischer Einheiten vertreten: der Tripolitza- und der Ethia-
Serie.

Die Tripolitza-Einheit dürfte vermutlich als autochthon bzw.
parautochthon zu betrachten sein.

Die Ethia-Serie wird im untersuchten Gebiet durch Sedimente
einer Übergangszone zwischen den Ablagerungsbereichen der axialen
Pindos- und der Tripolitza-Serie repräsentiert, sie entspricht den
Gesteinen der externsten Pindos-Zone Westgriechenlands. Das bisher beobachtete Schichtprofil ist lückenhaft. In Südlassithi konnten
nur stratigraphisch höhere (oberkretazisch-alttertiäre) Glieder nachgewiesen werden, im Asterousia-Gebirge auch Teile tieferer Stufen.
Es ergeben sich folgende Unterscheidungsmerkmale gegenüber der
axialen Pindos-Serie:

a) Die Flyschsedimentation setzt erheblich später ein.

b) Vor allem die jüngeren, karbonatischen Schichtglieder enthalten häufig Einlagerungen von Detritus-Breccien, deren Bildung
durch Transportvorgänge im submarinen Böschungsbereich aus-
gelöst worden ist.

c) Mehr oder weniger silikatisch ausgebildete Schichtglieder
(Hornsteinverbände, Schiefer usw. mit dünnplattigen Hornsteinkalken wechsellagernd, auch als ,,Radiolarite'' bezeichnet) treten,

anders als in der axialen Pindos-Zone Westgriechenlands, noch in stratigraphisch hohen Stufen auf (Maastrichtien, vielleicht noch Paleozän).

d) Innerhalb der unter c) erwähnten, bisher nur in ihren oberen Partien nachgewiesenen Schichtgruppe finden sich, im unmittelbaren Liegenden der stratigraphisch höchsten Kalke, zahlreiche Vorkommen submarin erstarrter, vorwiegend basischer Eruptivgesteine (Ophiolithe), die sich noch in ihrem ursprünglichen Verband, d.h. an den Stellen ihres Eindringens bzw. Ausfließens beobachten lassen. Diese Ophiolithe sind meist als dichte, kompakte Ergußgesteine entwickelt (Spilite, Andesite, in zweiter Linie Diabase usw.), z.T. in der Struktur von Pillow-Laven. Weder nach ihrem Alter (Oberkreide, teilweise vermutlich noch etwas jünger) noch nach ihrem petrographischen Charakter sind sie denen der Subpelagonischen Zone gleichzusetzen; daß sie den Ophiolithen der pindischen Externzone Westgriechenlands entsprechen, ist nicht ausgeschlossen.

Mit Rücksicht auf die vielen in ihm enthaltenen Vulkanite wird der Schiefer-Hornsteinverband des südlichen Mittelkreta kurz als „Schichtgruppe mit Ophiolithen" bezeichnet.

2. Sämtliche im Untersuchungsgebiet nachweisbaren Schichtglieder der Ethia-Serie, einschließlich ihrer „Schichtgruppe mit Ophiolithen", sind dem Flysch bzw. in manchen Fällen auch direkt den Oberkreide- bis Eozänkalken der Tripolitza-Serie aufgeschoben.

3. In anderen Lagerungsverhältnissen beobachtet man Ophiolithkomplexe kleineren oder auch größeren Umfanges, nicht selten in enger Verbindung mit Schollen ihrer karbonatischen Begleitgesteine (z.B. roter Kalke mit Globotruncanen) auch außer Zusammenhang mit ihrem ursprünglichen Verband. Sie treten in diesen Fällen sowohl im Gebirge als auch — noch viel häufiger — im Vorland als dem Eozän-Flysch der Tripolitza-Serie tektonisch auf- oder eingelagerte Gesteinselemente in die Erscheinung. Diese Lavakörper usw. sind als ehemalige Bestandteile der „Schichtgruppe mit Ophiolithen" zu betrachten, die bei der Vorbewegung der Ethia-Decke an der Basis der Schubmasse aus ihrem Verband ausscherten und, tektonisch verschleppt, mit dem Tripolitza-Flysch vermengt bzw. verknetet wurden.

Somit wird die früher von einigen Autoren versuchte Erklärung der Ophiolithe als in einen Ethia- oder Pindos-Flysch eingeschaltete Laven hinfällig.

Andere, offenbar fremdbürtige Gesteinselemente, die auf dem Flysch beobachtet wurden („Klippen" aus Riffkalken mit Jura- oder auch Kreidefossilien, konglomeratisch entwickelte Schollen, ferner Marmore mit Chloritschiefern, isolierte Vorkommen roter Triaskalke, Granitblöcke usw.), können als Schürflinge gedeutet werden, die von der Schubmasse an unbekannten Stellen aus ihrem Verband abgelöst und bis auf den Tripolitza-Flysch mitgeschleppt wurden.

4. Es bleibt vorläufig offen, ob in anderen Teilen Kretas auch Deckenreste aus dem Bereich der axialen Pindos-Zone vorhanden sind.

5. Für das Vorhandensein einer zweiten, höheren Deckeneinheit, die etwa aus der Subpelagonischen Zone herzuleiten wäre, konnten keinerlei Anzeichen festgestellt werden.

Soweit die mesozoisch-alttertiären Fazieseinheiten in Frage kommen, dürfte die Deckentektonik in Mittelkreta also nicht die Rolle gespielt haben, die ihr in früherer Zeit C. Renz, neuerdings Aubouin und Dercourt zuerkennen wollen.

Περίληψις

Οἱ συγγραφεῖς ἐπέλεξαν περιοχήν τῶν μεσημβρινῶν Δικταίων Ὀρέων πρός βαθυτέραν μελέτην καί διευκρίνησιν ἀσαφειῶν εἰς ὅ, τι ἀφορᾶ τήν γεωλογικήν συγκρότησιν τῆς κεντρικῆς Κρήτης, κατ' ἐπέκτασιν δέ καί τῆς ὅλης νήσου. Ὅλως δέ ἰδιαιτέρως προσεπάθησαν νά διασαφηνίσουν τήν σύνθεσιν καί τεκτονικήν θέσιν τῆς λεγομένης σειρᾶς Ἐθιᾶς ὡς καί τήν θέσιν τοῦ λεγομένου ὀφιολιθικοῦ καλύμματος.

Ἡ πατρότης τῆς ζώνης Ἐθιᾶς ἀνήκει εἰς τόν C. Renz, ὁ ὁποῖος καί ἐταύτισεν αὐτήν, μέ τήν Ἀδριατικοϊόνιον ζώνην. Μεταγενέστεροι ἐρευνηταί ἀνεγνώρισαν ὅτι πρόκειται περί τῆς ἐξωτάτης Πίνδου, ἤ ὑποζώνης μεταβάσεως ἀπό τῆς ζώνης Πίνδου πρός ἐκείνην τῆς Τριπόλεως, ἐπωθημένης ἐπί τῆς τελευταίας. Τήν αὐτήν ἄποψιν ἔχουν υἱοθετήσει καί οἱ συγγραφεῖς τῆς παρούσης. Ὅσον ἀφορᾶ τάς ὀφιολιθικάς ἐμφανίσεις, οἱ πλεῖστοι τῶν μέχρι τοῦδε ἐρευνητῶν, θεωροῦν αὐτάς ἀνηκούσας εἰς τόν φλύσχην Ὠλονοῦ ἤ Τριπόλεως. Ἐσχάτως οἱ Aubouin καί Dercourt ὁμιλοῦν περί ὀφιολιθικοῦ καλύμματος, ξένου πρός τόν φλύσχην, ἀνήκοντος εἰς τήν Ὑποπελαγονικήν ζώνην καί ἐπωθημένου ἐπί τοῦ φλύσχου Ὠλονοῦ.

Αἱ ἡμέτεραι ἔρευναι κατέδειξαν τά ἑπόμενα:

1. Οἱ ὀφιόλιθοι τῆς κεντρικῆς Κρήτης δέν ταυτίζονται, οὔτε κἄν ἀνάλογοι εἶναι, λιθολογικῶς, πρός τούς ὀφιολίθους τῆς Ὑποπελαγονικῆς

ζώνης. Πρόκειται κυρίως περί αὐγιτικῶν ἀνδεσιτῶν καί σπηλιτῶν, περί βασικῶν δηλ.λαβῶν αἱ ὁποῖαι λιθολογικῶς παραλληλίζονται πρός τάς ἐμφανιζομένας εἰς τήν ἐξωτάτην Πίνδον, εἰς τήν δυτικήν ἠπειρωτικήν Ἑλλάδα καί εἰς τήν Πελοπόννησον.

2. Οἱ „ὀφιόλιθοι“ τῆς κεντρικῆς Κρήτης μετέχουν διαπλάσεως ἐκ λεπτοστρωματωδῶν ἀνοικτοχρώμων ἀσβεστολίθων μέ πυριτολίθους, ἐρυθρῶν ραδιολαριτῶν, ἐρυθρῶν ἀσβεστολίθων, σχιστολίθων, ψαμμιτῶν καί τοφφιτῶν. Ἡ διάπλασις αὐτή, ἡ ὑπό τῶν συγγραφέων καλουμένη „μετ' ὀφιολίθων διάπλασις“ ἔχει ποικίλην σύνθεσιν, κατά περιοχάς, μέ πλαγίας μεταβάσεις τῶν συνιστώντων αὐτήν μελῶν. Εἴς τινας περιοχάς ἐπικρατοῦν οἱ ὀφιόλιθοι, εἰς ἄλλας ὑπολείπονται καί εἰς ἄλλας παντελῶς ἀπουσιάζουν. Εἰς „Παναγίαν“ Λέντας μονότονος εἶναι ἡ σύνθεσις τῆς διαπλάσεως, ἀποτελουμένης ἀπό ἐναλλασσόμενα λεπτά στρώματα ἐρυθρῶν σχιστολίθων, στιφρῶν ἀσβεστολίθων καί ραδιολαριτῶν.

3. Τά χρονικά ὅρια ἀποθέσεως τῆς διαπλάσεως εἶναι ἐν πολλοῖς ἀκαθόριστα. Δέν εἶναι γνωστή ἡ ἔναρξις τῆς ἀποθέσεως αὐτῆς, τό δέ πέρας φαίνεται διάφορον κατά περιοχάς, ἀλλοῦ μέν φαίνεται ἐξικνούμενον μέχρι παλαιοκαίνου, ἀλλοῦ δέ, καί αὐτό εἶναι συνηθέστερον καί σαφές, μέχρις ἀνωτάτου Κρητιδικοῦ. Ἀναμφισβητήτως μέγα μέρος τῆς διαπλάσεως εἶναι ἀνωκρητιδικῆς ἡλικίας. Αὐτό εἶναι βέβαιον.

4. Ἡ μετ' ὀφιολίθων διάπλασις ἀναμφισβητήτως ἐντάσσεται εἰς τήν σειράν Ἐθιᾶς καί ἀποτελεῖ οὐσιῶδες μέλος αὐτῆς, κανονικῶς ὑποκειμένη τῶν ἀνωκρητιδικῶν ἀσβεστολίθων ἢ πιθανῶς ἐνίοτε τῶν παλαιοκαίνων τοιούτων τῆς αὐτῆς σειρᾶς. Δέν εἶναι χρονολογημένοι οἱ παλαιότεροι αὐτῆς ὁρίζοντες.

5. Ἡ σειρά Ἐθιᾶς, ἀποκολληθεῖσα ἐκ τῆς διαπλάσεως, ὁρίζοντος χαλαρᾶς συνοχῆς λόγω ἀνομοιογενείας καί συνθέσεως, ἐπωθήθη ἐπί τῆς ζώνης Τριπόλεως. Συχνά παρατηρεῖ κανείς ὀφιολίθους, μέ συνοδά τῆς διαπλάσεως πετρώματα ἢ καί ἄνευ αὐτῶν, ἐπωθημένους ἐπί τοῦ φλύσχου Τριπόλεως, ὅπως ἐπίσης ἀσβεστολίθους τῆς σειρᾶς Ἐθιᾶς μέ ὑπολείμματα διαπλάσεως εἰς τήν βάσιν, ἢ καί χωρίς αὐτά, ἐπί τοῦ φλύσχου Τριπόλεως ἐπωθημένους ἢ ἀκόμη- αὐτό εἶναι σπανιώτερον- ἀσβεστολίθους τῆς σειρᾶς Ἐθιᾶς ἐπί ἀσβεστολίθων Τριπόλεως. Εἰς τήν μετωπικήν περιοχήν τῶν ἐπωθημένων ὑπάρχουν ἐδῶ καί ἐκεῖ, ἄλλοθεν ἀποσπασθέντα καί μεταφερθέντα (ἀλλόχθονα), κατά τήν φάσιν τῆς ἐπωθητικῆς κινήσεως, τεμάχια γρανιτῶν καί ἐρυθρῶν ἀσβεστολίθων μέ τριαδικούς ἀμμωνίτας.

6. Ἡ σειρά Ἐθιᾶς ἐκτείνεται πολύ περισσότερον, ἀπό ὅσον μέχρι τοῦδε ἐνομίζετο. Εἰς τήν κεντρικήν Κρήτην, σχεδόν πανταχοῦ, τουλάχιστον ὅπου μέχρι τοῦδε ἐγένετο ὑφ' ἡμῶν ἔλεγχος, αἱ δεδομέναι ὡς ἐμφανίσεις

τῆς ζώνης Ὠλονοῦ, εἶναι ἐμφανίσεις τῆς ἐξωτάτης ὁμωνύμου ζώνης, τῆς σειρᾶς δηλ. Ἐθιᾶς.

7. Οἱ ὀφιόλιθοι τῆς σειρᾶς Ἐθιᾶς ἀνήκουν εἰς τό ὀφιολιθικόν τόξον τῶν Ἑλληνικῶν ἐξωτερικῶν ζωνῶν, εἰς τό ὁποῖον ἀνήκουν καί αἱ ἐμφανίσεις ὀφιολίθων εἰς Δυτ. Ἑλλάδα καί Δυτ. Πελοπόννησον.

Ἀπό τά ἀνωτέρω πορίσματα ἀβιάστως προκύπτει ὅτι ἡ γεωλογία τῆς Κρήτης, εἰς ὅ,τι τοὐλάχιστον ἀφορᾶ τάς ἐπί τοῦ αὐτοχθόνου ἤ παρααυτοχθόνου ἐπωθημένας σειράς τοῦ ἀλπικοῦ γεωσυγκλίνου, εἶναι πολύ ἁπλουστέρα τῆς μέχρι τοῦδε διδομένης.

Bemerkungen zu den Karten und Profilen

Das Fehlen genauer Karten großen Maßstabes zwang dazu, eine provisorische, aber alle wichtigen Geländeeinzelheiten enthaltende topographische Karte 1:25000 Gesamt-Südlassithis, bis zur Südküste, selbst zu erarbeiten. Die vereinfachte Ausführung eines Ausschnittes aus dieser Arbeitskarte ergab die topographische Grundlage für die Kartendarstellung Falttafel 1 (die für die Reproduktion etwas verkleinert werden mußte). Auch diese Karte hat Mängel. Der Verlauf der Isohypsen ist nicht immer völlig korrekt, und ihre absoluten Höhen können teilweise um 20—40 m von der Wirklichkeit abweichen. Es wurde angestrebt, sämtliche im Text erwähnten Orts- und Geländebezeichnungen wenigstens in einer der Kartenskizzen anzugeben. Die Namen der Geländeeinzelheiten beruhen meist auf Erkundigungen an Ort und Stelle.

Der Maßstab erforderte in bezug auf die Eintragung der Gesteinsgrenzen und Gesteinssymbole eine Generalisierung, namentlich soweit kleine und kleinste Vorkommen in Frage kommen. Besonders im südlichen Flyschvorland ist die Darstellung der Verbreitung bzw. Abgrenzung der vielen Ophiolithvorkommen unvollkommen. In Wirklichkeit ist das Bild weitaus differenzierter. Von den zahllosen Verwerfungen konnten nur die wichtigsten verzeichnet werden.

Die Profile sind grundsätzlich nicht überhöht. Das hatte für die (in 1:25000 gezeichneten, im Druck verkleinerten) Nord-Süd-Profile zur Folge, daß bei geringmächtigen Vorkommen Einzelheiten wegfallen mußten. In einigen Fällen wurden zur Verdeutlichung gewisse Ausschnitte vergrößert dargestellt. Die Zeichnung der Profile ist in mancher Beziehung schematisiert, vor allem z.B. hinsichtlich der Ophiolithkörper im Flysch des Südvorlandes.

Literatur

Aubouin, J.: Contribution à l'étude géologique de la Grèce septentrionale: les confins de l'Epire et de la Thessalie. Ann. géol. Pays Helléniques, Sér. I, 10, 1—525 (1959).
—, et J. Dercourt: Sur la géologie de l'Égée: regard sur la Crète (Grèce). Bull. soc. géol. France [7], 7, 787—821 (1965b).
— — M. Neumann et J. Sigal: Un élément externe de la zone du Pinde: la série d'Ethia (Crète, Grèce). Bull. soc. géol. France [7], 7, 753—757 (1965a).

BOEKSCHOTEN, G. J.: On Cretan Flysch and its igneous rocks. Prakt. Acad. Athènes **38**, 308—312 (1963).

BONNEFONT, J.-C.: Note sur la morphologie du massif du Lassithi. Bull. Assoc. Géogr. Français, Nrs. 334—335, 27—35 (1965).

BRUNN, J. H.: Etude géologique du Pinde septentrional et de la Macedoine occidentale. Ann. géol. Pays Helléniques Sér. I, 7, 1—358 (1956).

CREUTZBURG, N., P. KLÖCKER u. S. E. KUSS: Die erste triadische Ammonitenfauna der Insel Kreta. Ber. Naturforsch. Ges. Freiburg i. Breisgau **56**, 183—207 (1966).

—, u. J. PAPASTAMATIOU: Neue Beiträge zur Geologie der Insel Kreta. Inst. Geol. and Subsurface Research, Athens, Geological and Geophysical Research **11**, 173—185 (1966).

DERCOURT, J.: Esquisse géologique du Nord du Péloponèse. Bull. soc. géol. France [7], **2**, 415—426 (1960).

— Contribution à l'étude géologique d'un secteur du Péloponnèse septentrional. Ann. géol. Pays Helléniques Sér. I, **15**, 1—418 (1964).

PARASKEVAIDIS, IL.: Über die Geologie des östlichen Asterousia-Gebirges auf der Insel Kreta. Ann. géol. Pays Helléniques **12**, 139—148 (1961).

RENZ, C.: Geologische Voruntersuchungen auf Kreta. Prakt. Acad. Athènes **5**, 271—280 (1930).

— Die Tektonik der griechischen Gebirge. Abhandl. Athener Akad. **8**, 1—171 (1940).

— Eine zusammenfassende Übersicht über die Maastrichtienfauna der Insel Kreta. Eclogae Geol. Helv. **40**, 379—384 (1947).

— Die vorneogene Stratigraphie der normalsedimentären Formationen Griechenlands. Inst. Geol. and Subsurface Research, Athens, 1—637 (1955).

— IL. PARASKEVAIDIS u. J. PAPASTAMATIOU: Geologische Untersuchungen auf der Insel Kreta. Prakt. Acad. Athènes **27**, 241—245 (1952).

SEIDEL, E.: Die Tripolitza- und Pindosserie im Raum von Paleochora (SW-Kreta, Griechenland), S. 1—102, Diss. Würzburg 1968.

TATARIS, ATH. A.: The Olonos-Pindos-Zone in the Symi-Viannos Area (Eastern Crete) and the age of spilites of this zone. Prakt. Acad. Athènes **39**, 298—314 (1964).

VOREADIS, G. D.: Die sogenannten ,,Ophiolithkomplexe und ihre sauren Glieder" im griechischen Raum. Ihre richtige geologische Stellung. Bull. Geol. Soc. Greece **4**, 105—111 (1958).

WURM, A.: Geologische Beobachtungen im Asterussia-Gebirge auf der Insel Kreta. Bull. Geol. Soc. Greece **2**, 1—8 (1955).

Abb. 9. *Blick von der Lapathos-Mulde auf Kipos und Kalos Potamos* (nach N). Gestrichelte Linie: Überschiebung der Ethia-Serie auf die Tripolitza-Einheit (*Tk* Tripolitzakalke; *Tf* Tripolitzaflysch; *Ek* Ethiakalke; *Er* ,,Radiolarite'' = Schichtgruppe mit Ophiolithen)

Abb. 10. *Astywidero* (südl. Lapathos, Blick nach S). Punktierte Linie: leicht diskordante Auflagerung des Tripolitzaflysches (*Tf*) auf seine normale Kalkunterlage (*Tk*), [Materialtektonik]

Abb. 11. *Anemospiliares* (südl. Lapathos, Blick nach NE). Gefaltete Ethiakalke (*Ek*) auf Tripolitzakalke (*Tk*) aufgeschoben (gestrichelte Linien)

Abb. 12. *Tyrokeli* (nö. Lapathos, Blick nach NE). Tektonische Diskordanz zwischen Ethiakalken (*Ek*) und unterlagernden Tripolitzakalken (*Tk*), gestrichelt: Überschiebungslinie

Abb. 13. *Kalos Potamos und Kipos-Ostwände*, Blick nach W. „Schichtgruppe mit Ophiolithen" (*Er*: *M* Magmatite) konkordant von Ethiakalken (*Ek*) überlagert (punktiert: Schichtgrenze). *Tf*: Tripolitzaflysch der Basis. *Qu*: Lage der Quelle Psaro Nero

Abb. 14. *Kalos Potamos*. Charakteristische Ausbildung der sedimentären Anteile in der „Schichtgruppe mit Ophiolithen" (dünnplattige rote Kalke mit Lagen roter Hornsteine und dünnen schiefrigen bzw. tuffitischen Einschaltungen)

Abb. 15. *Rizoma Kipou* (nördl. des Kalos Potamos). Sedimentäre und magmatische Anteile in der „Schichtgruppe mit Ophiolithen" (intensive Durchdringung zwischen dunkel gefärbter spilitischer Lava und hell erscheinendem karbonatischen Material)

Abb. 16. *Volakas* (westlich des Kalos Potamos). Feinbrecciöse Lage in oberkretazischem Ethiakalk

Abb. 17. *Tria Nera* (Sattel nördl. des Kalos Potamos). Fragmente eines aus dem Tripolitzaflysch herausgewitterten ,,exotischen'' Granitblockes

Abb. 18. *Steilwände südl. Protolitsa* (Blick nach N). Stark gefaltete oberkretazische Ethiakalke

Abb. 19. *Hochmulden und Kalkkuppen bei Protolitsa* (Blick vom Psari-
madara-Hang nach SE). Denudationsrelikte der Ethia-Schubmasse (*Ek, Er*)
auf Tripolitzaflysch (*Tf*). Isolierter „Auslieger" (Kalojeraki). Punktierte
Linie: Verwerfungsgrenze zwischen Flysch und Tripolitzakalken (*Tk*)

Abb. 20. *Lapathos* (Mulde bei der Kapelle). Uhrglasförmige flache Auf-
wölbung in der Bildmitte: Ophiolithkörper, Blick nach E

Abb. 21. *Felsklotz „Rousso"*, im Zentrum der Lapathosmulden (Blick
nach NW). Die — punktiert umgrenzte — Rousso-Scholle (rote Globot-
runcanenkalke, *Y*) befindet sich, ebenso wie die ihr unmittelbar benachbarten (im Bild nicht sichtbaren) Ophiolithkörper in tektonischem Kontakt
mit Tripolitzaflysch (*Tf*). Im Hintergrund (gestrichelte Linie) die Überschiebungslinie der Ethia-Serie (*Ek*) auf Tripolitzakalke (*Tk*). Ganz links
erscheinen bereits die Plattenkalke (*pl*) der basalen Serien

Abb. 22. *Kephala-Massiv*, vorne das Dorf Christos (Blick nach SW). Auf die Tripolitza-Einheit (*Tk*: Kalke, *Tf*: Flysch) ist die Ethia-Serie (*Ek*: Kalke) aufgeschoben. Im Hintergrund rechts: Psarimadara-Rücken (Trip.-Kalke)

Abb. 23. *Trümmerhang am Papas Lakkos*, unterhalb des Kephala-Gipfels (Blick nach N). Unter Globotruncanenkalken des Turon-Santon (anstehende Felspartien im oberen Teil des Hanges) kommt, unter dem Schutt, die „Schichtgruppe mit Ophiolithen" zum Vorschein

Abb. 24. *Pillow-Laven*, 1 km südöstl. Viano (Aufschluß an der Straße nach Amira). Der große Eruptivkörper befindet sich in anormaler Lagerung in seinem Verhältnis zum Tripolitzaflysch

Abb. 25. Scholle roter, etwas schiefrig ausgebildeter Kalke (y) in engem (tektonischem) Kontakt mit dem Ophiolithkörper (M) von Abb. 24 (1 km sö. Viano)

Abb. 26. Durchdringung von spilitischer Lava (dunkles Gestein) mit hellgelblichem karbonatischem Sediment (Kalke vom Ethia-Typus), 1 km sö. Viano. Der Eruptivkörper ist dem Tripolitzaflysch tektonisch eingepreßt

Abb. 27. Typisches Beispiel für die tektonische Zerrüttung des Tripolitzaflysches, im Flyschvorland nahe am Gebirgsrand (bei Wachos, 3 km sö. von Viano)

Abb. 28. Spilitische Lava im Kontakt mit hellen Globotruncanenkalken.
Loser Block auf Tripolitzaflysch, *bei Terza* (Südküste)

Abb. 29. Spilitische Lava im Kontakt mit hellen Globotruncanenkalken der
Ethia-Serie, *bei Sfakoura* (anstehend)

Abb. 30. *Flyschvorland südl. Wachos* (Blick nach SW). Tektonisch auf bzw. in Tripolitzaflysch (*Tf*) verschleppte Ophiolithkörper (*M*), Schollen roter Kalke (*y*) und „Klippen", die aus grobklastischem Material bestehen (*cgl*)

Abb. 31. *Höhe 600, nördlich der Arvi-Schlucht* (Blick nach E). Dem Tripolitzaflysch des Südvorlandes ist hier, völlig isoliert, eine große Scholle tektonisch aufgelagert, die in bunter Zusammensetzung fast alle Schichtglieder der Ethia-Serie enthält (*Ek*: Ethia-Kalke, *Er*: Radiolarite, *M*: Magmatite, *y*: rote Kalke)

Abb. 32. *Kalkmauer n. Loutra* (3 km ö. Lentas, Asterousia). Blick nach N. Oberkreidekalke der Ethia-Serie (*Ek*) über Radiolariten (*Er*). Im Hintergrund (jenseits einer Störung) Amphibolitschiefer (φ)

Abb. 33. Lagerungsverhältnisse in der Ethia-Serie, an der Steilmauer n. Loutra (Bildmitte von Abb. 32). Hangend: massige Oberkreidekalke. Liegend: einförmig ausgebildete „Radiolarite" (dünnplattige Hornsteinkalke). An der Schichtgrenze leichte, materialtektonisch bedingte Verschiebungen

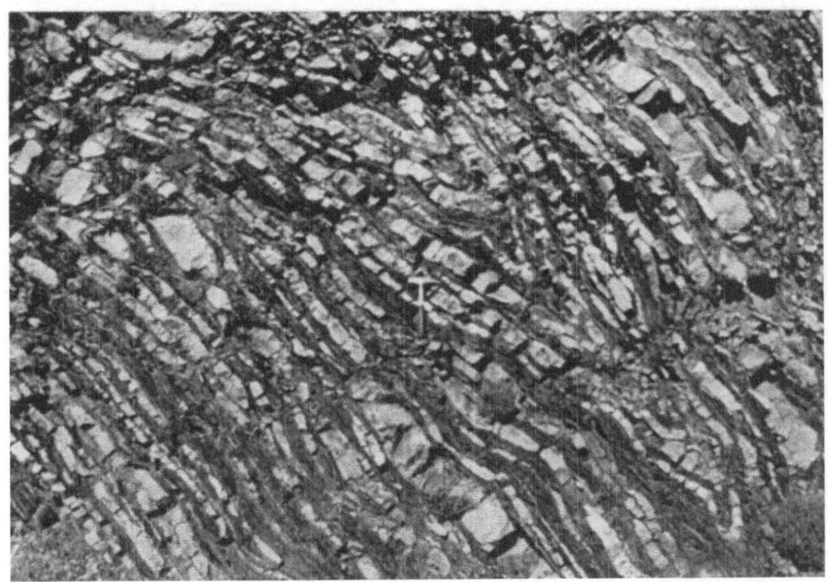

Abb. 34. „*Radiolarite*" *der Ethia-Serie n. Loutra* (stratigraphisch etwas tiefere Horizonte als in Abb. 33). Stark verfaltete dünnplattige Kalke mit vielen Hornsteinbändern und Schieferzwischenlagen

Abb. 35. *Überschiebungskontakt der Ethia-Serie* (*Er* Radiolarite, *Tf* Tripolitzaflysch) an der Küste bei Loutra. Blick nach W

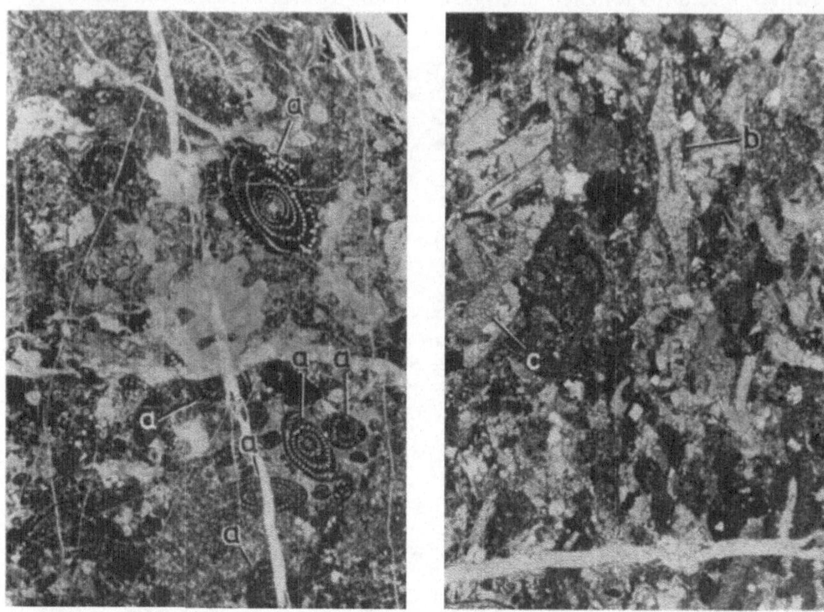

Abb. 36. Schliffe 826 und 819. Paleozän- bis Eozänkalke der Ethia-Serie,
Lakkos Ochra (*a*: Alveolina sp., *b*: Asterocyclina sp., *c*: ? Discocyclina sp.).
Vergr. 8 fach

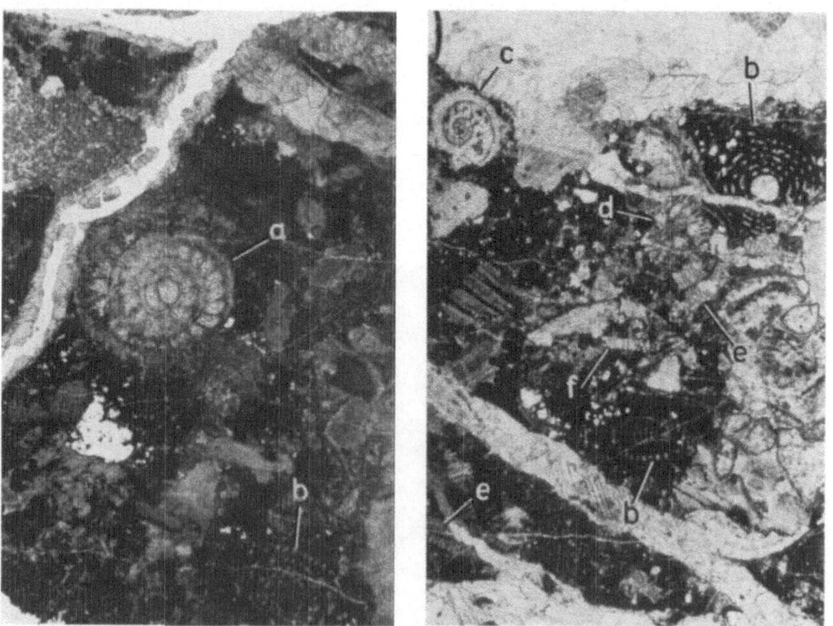

Abb. 37. Schliffe 44 *b* und *c*. Unter-Eozänkalke der Ethia-Serie, Lakkos
Ochra (*a*: Assilina cf. placentula; *b*: Alveolina sp., *c*: ? Asterigerina sp.,
d: Cuvillierina sp., *e*: Discocyclina sp.; *f*: Assilina sp.). Vergr. 12 fach

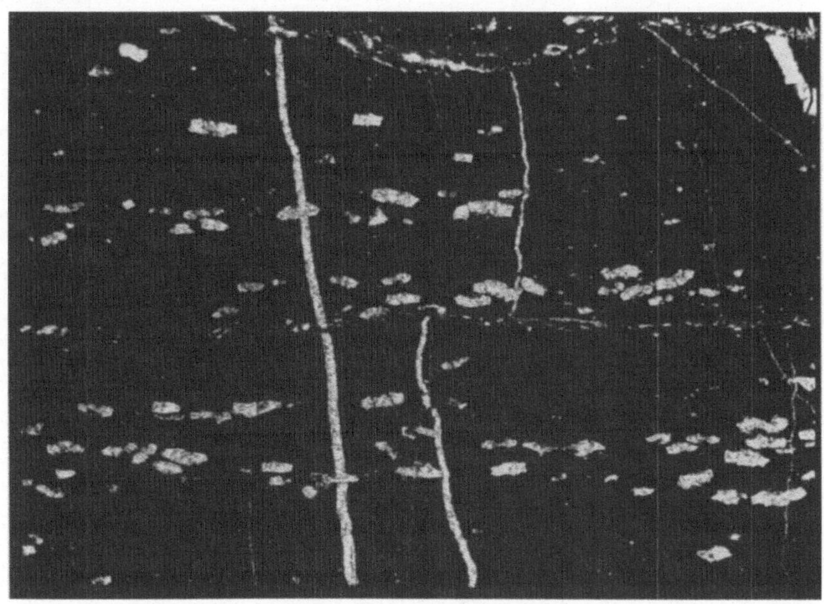

Abb. 38. Schliff 21. Kalke des Turon-Santon, Papas Lakkos (Kephala), vgl. Abb. 23. Globotruncana cf. coronata. Vergr. 10fach

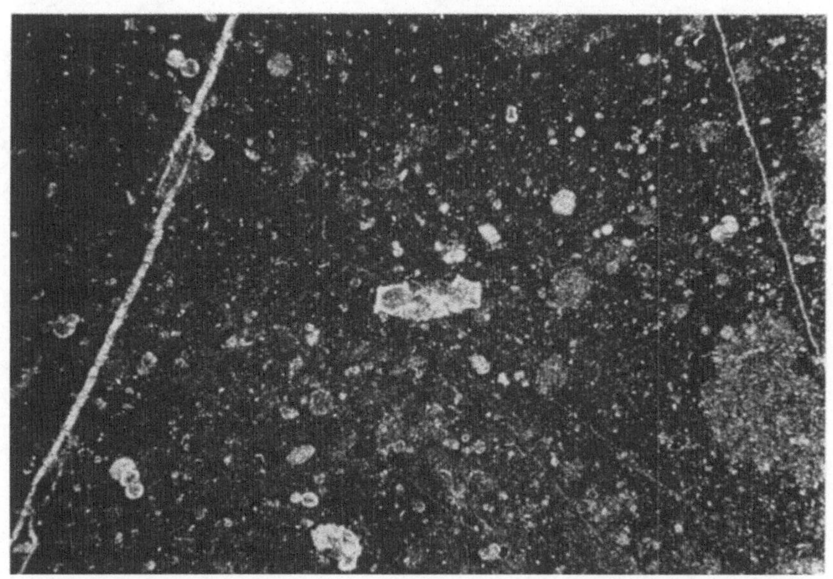

Abb. 39. Schliff 3 (Terza). Kalkeinschluß in spilitischer Lava (vgl. Abb. 28). Bildmitte: Globotruncana der Capparenti-Gruppe. Vergr. 25fach

Psarimadara
2000
1400
2
2
Kalojeraki
Kouphotia
1700
Protolitsa
Kipos
Wolakas
Krya Vrisi
Levra
1300
Simi
Roussos
1200
900
1400
1800
1700

Selakkano
Latsida
Kephala
1000
Mino
1400
1200
1500
1100
1300
800
Asphendamo
Charako
ospiliares

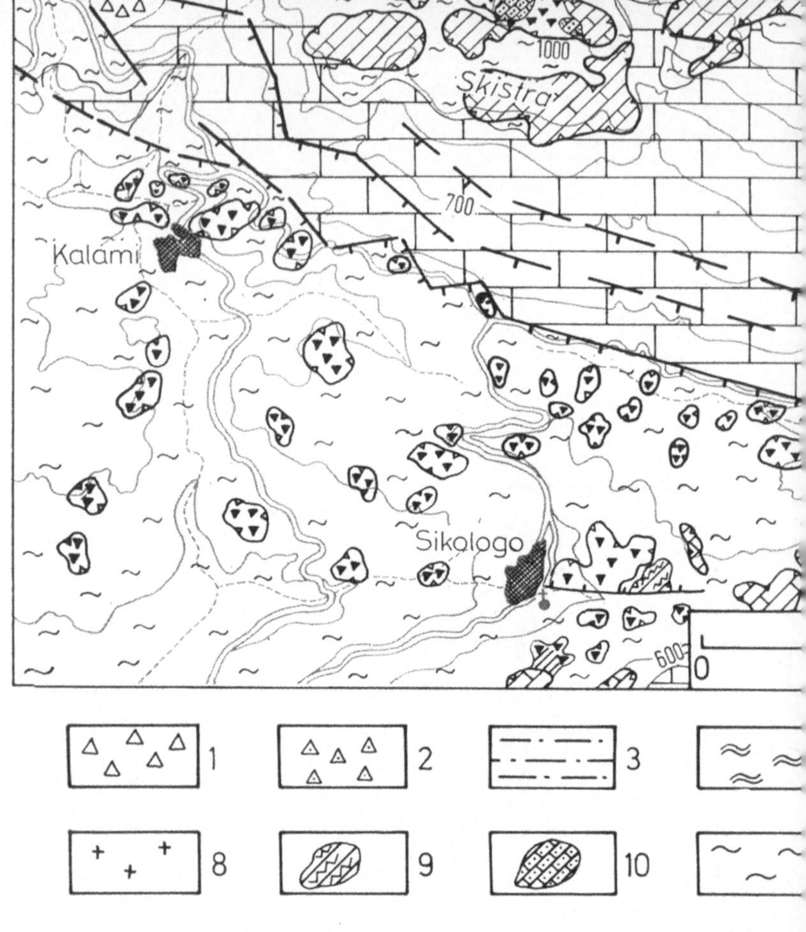

Falttafel 1. *Geologische Karte eines Teiles von Süd-Lassithi* (Lage des
gelegene Schuttfächer-Reste (Pleistozän); *3* Kalkmergel, Kalksand
Ober-Eozän?); *5* gebankte Kalke vom Typus der „Kipos-Kalke",
Ophiolithen"; dünnplattige Kalke, Hornsteine, Schiefer, Tuffite usw
sekundär dem Tripolitza-Flysch auf- oder eingelagert; *8* vereinzel
roter Kalke (*8—10* tektonisch auf bzw. in Tripolitza-Flysch verschl
metamorphosiert; *13* Kalke, grob gebankt bis massig (Oberkreide
Verwerfungen;

Sitzungsberichte der Heidelberger Akademie der Wissenschaften,
Jahrgang 1969, 1. Abhandlung

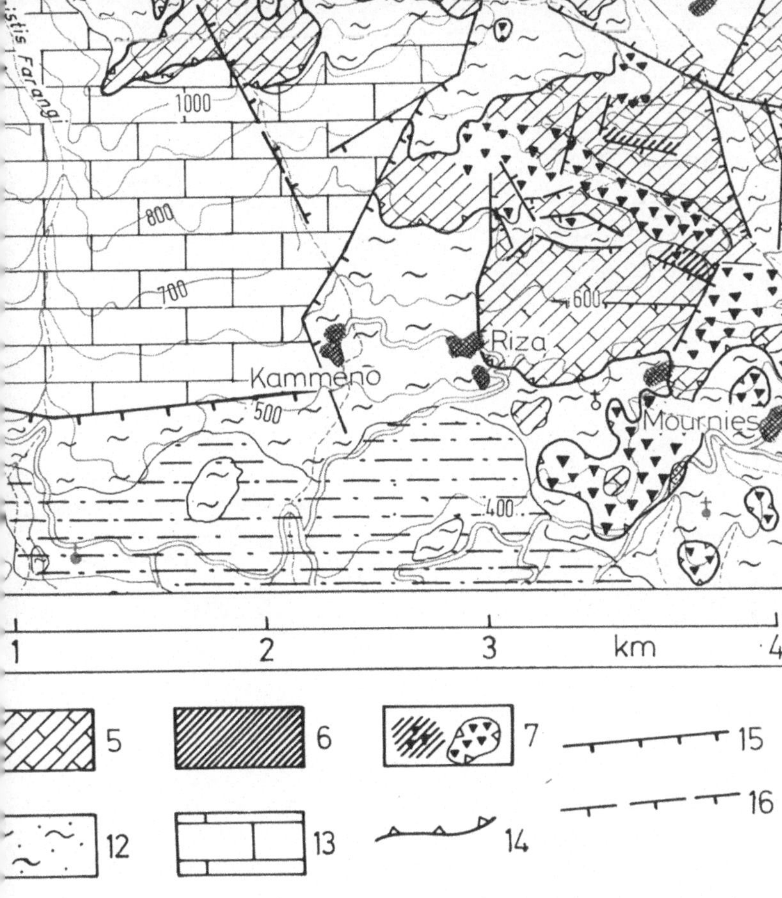

vgl. Abb. 1 und 2). *1* Gehänge- und Blockschutt (Holozän); *2* hoch-
ungtertiär, ungegliedert); *4—10 Ethia-Serie* [*4* Flysch (Mittel- bis
ornsteinen (Oberkreide bis (?) Unter-Eozän); *6* ,,Schichtgruppe mit
tien bis (?) Paleozän); *7* Ophiolithe, primär im Verband von *6* bzw.
cke; *9* Marmorscholle von Sikologo; *10* Schollen oberkretazischer
3 Tripolitza-Serie [*11* Flysch (Ober-Eozän); *12* Flysch (?), schwach
Eozän)]. *14* Überschiebungslinie der Ethia-Decke; *15* beobachtete
e Verwerfungen

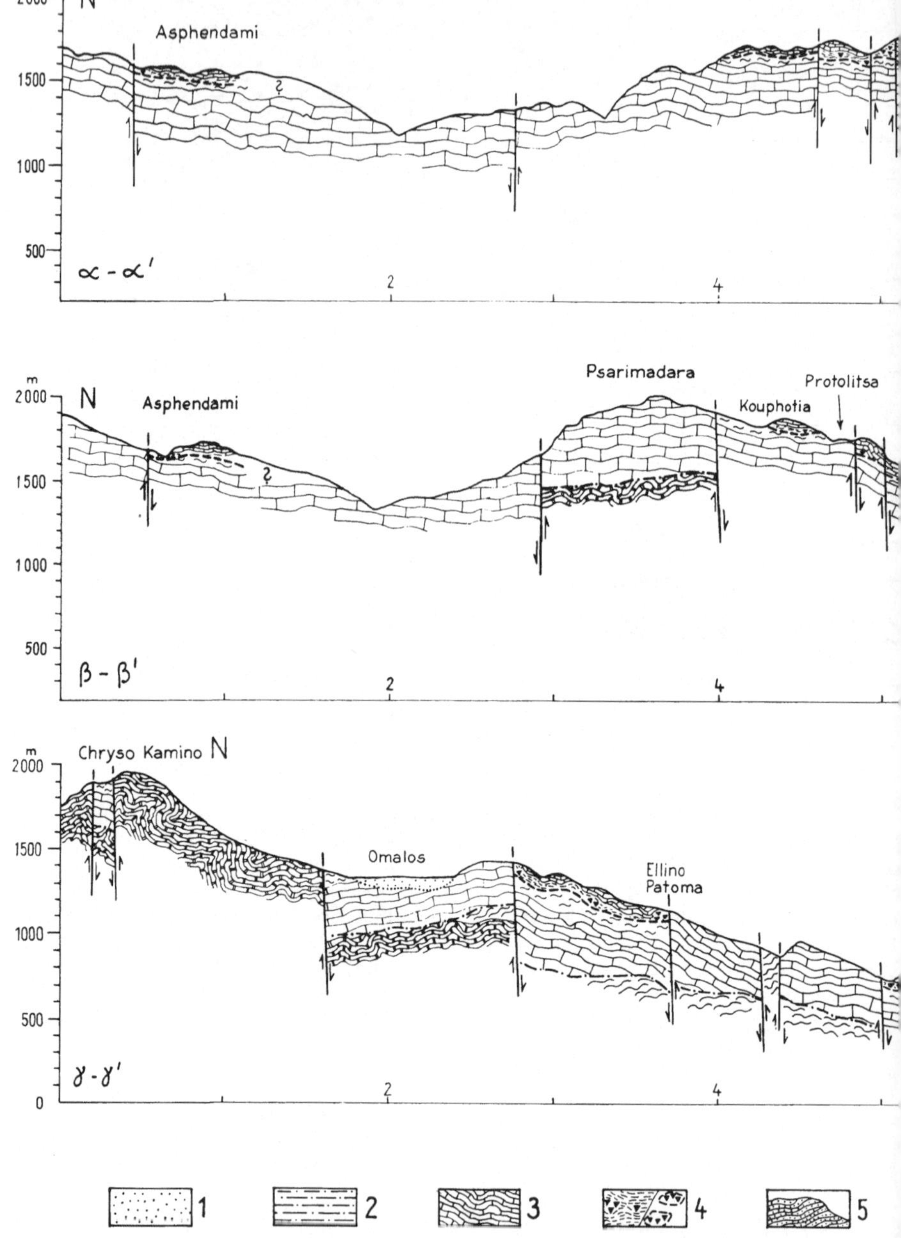

Falttafel 2. *Nord-Süd-Profile durch das südliche Lassithi-Gebirge und Teile des Vorl*
ungegliedert; *3—5 Ethia-Serie* [*3* gebankte Kalke vom Typus der „Kipos-Kalke"
zusammenhängender Verband / tektonisch auf oder in den Tripolitza-Flysch versch
Kalke, tektonisch auf Tripolitza-Flysch verschleppt (Oberkreide)]; *6, 7 Tripolitza-*
8 phyllitische Schiefer, metamorph (Permotrias ?); *9* „Plattenkalke", kristallin, mit I
11 stratigraphische Diskordanzer

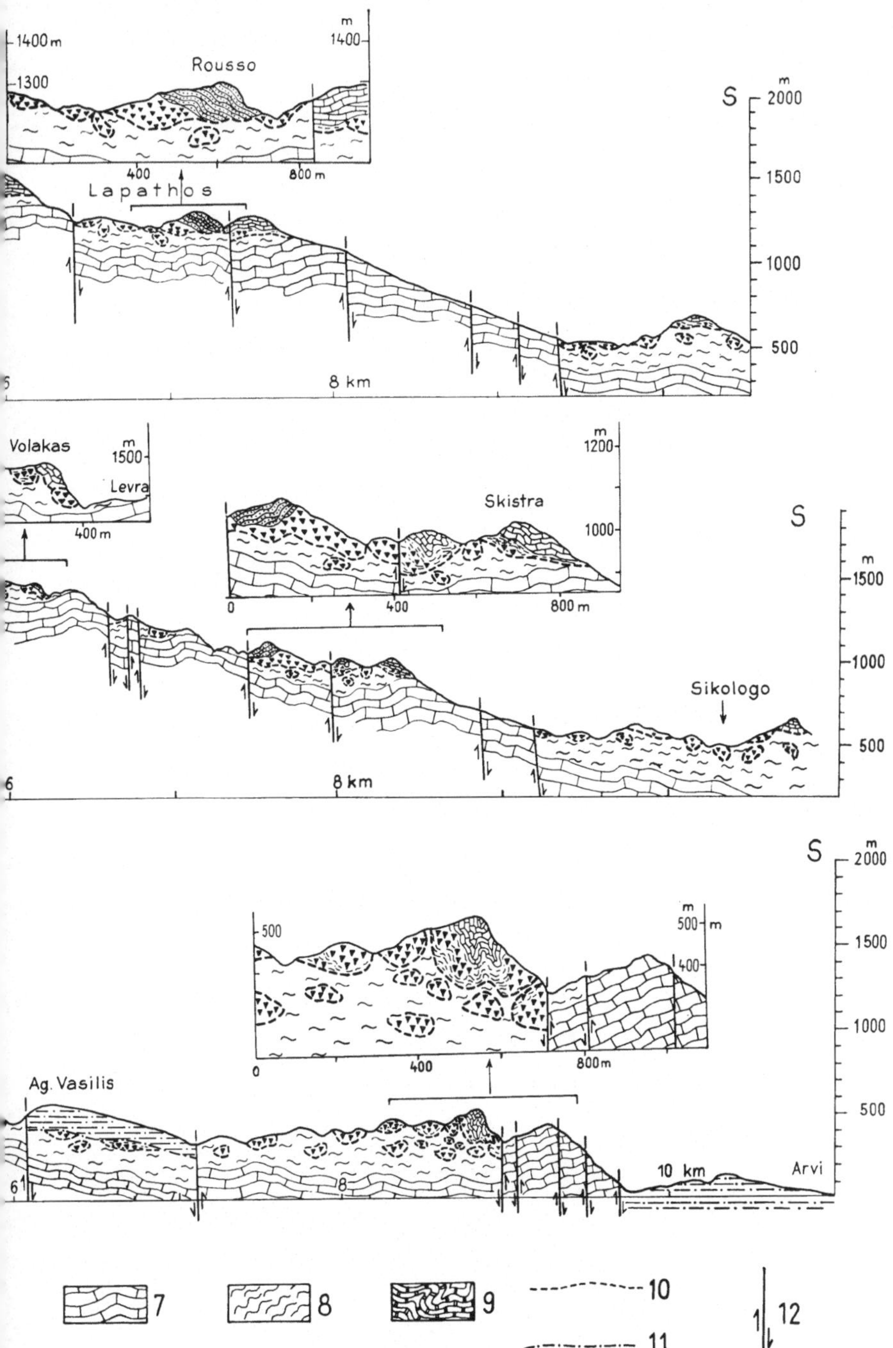

vgl. Abb. 2). *1* Rezente bis subrezente Beckenausfüllung (Holozän); *2* Jungtertiär,
Hornsteinen (Oberkreide bis (?) Unter-Eozän); *4* Schichtgruppe mit Ophiolithen,
nte, überwiegend Ophiolithkörper (Maastrichtien bis (?) Paleozän); *5* Schollen roter
ch (Ober-Eozän); *7* Kalke, grob gebankt bis massig (Oberkreide bis Mittel-Eozän)];
nollen von „cherts" (Paläozoikum); *10* tektonische Diskordanzen (Überschiebungen);
ions-Kontakte); *12* Verwerfungen

3. K. Freudenberg und G. Schuhmacher. Die Ultraviolett-Absorptionsspektren von künstlichem und natürlichem Lignin sowie von Modellverbindungen. DM 7.20.
4. W. Roelcke. Über die Wellengleichung bei Grenzkreisgruppen erster Art. DM 24.30.

Inhalt des Jahrgangs 1956/57:

1. E. Rodenwaldt. Die Gesundheitsgesetzgebung der Magistrato della sanità Venedigs 1486—1550. DM 13.—.
2. H. Reznik. Untersuchungen über die physiologische Bedeutung der chymochromen Farbstoffe. DM 16.80.
3. G. Hieronymi. Über den altersbedingten Formwandel elastischer und muskulärer Arterien. DM 23.—.
4. Symposium über Probleme der Spektralphotometrie. Herausgegeben von H. Kienle. DM 14.60.

Inhalt des Jahrgangs 1958:

1. W. Rauh. Beitrag zur Kenntnis der peruanischen Kakteenvegetation. DM 113.40.
2. W. Kuhn. Erzeugung mechanischer aus chemischer Energie durch homogene sowie durch quergestreifte synthetische Fäden. DM 2.90.

Inhalt des Jahrgangs 1959:

1. W. Rauh und H. Falk. Stylites E. Amstutz, eine neue Isoëtacee aus den Hochanden Perus. 1. Teil. DM 23.40.
2. W. Rauh und H. Falk. Stylites E. Amstutz, eine neue Isoëtacee aus den Hochanden Perus. 2. Teil. DM 33.—.
3. H. A. Weidenmüller. Eine allgemeine Formulierung der Theorie der Oberflächenreaktionen mit Anwendung auf die Winkelverteilung bei Strippingreaktionen. DM 6.30.
4. M. Ehlich und M. Müller. Über die Differentialgleichungen der bimolekularen Reaktion 2. Ordnung. DM 11.40.
5. Vorträge und Diskussionen beim Kolloquium über Bildwandler und Bildspeicherröhren. Herausgegeben von H. Siedentopf. DM 16.20.
6. H. J. Mang. Zur Theorie des α-Zerfalls. DM 10.—.

Inhalt des Jahrgangs 1960/61:

1. R. Berger. Über verschiedene Differentenbegriffe. DM 8.40.
2. P. Swings. Problems of Astronomical Spectroscopy. DM 3.50.
3. H. Kopfermann. Über optisches Pumpen an Gasen. DM 5.80.
4. F. Kasch. Projektive Frobenius-Erweiterungen. DM 6.—.
5. J. Petzold. Theorie des Mößbauer-Effektes. DM 13.80.
6. O. Renner. William Bateson und Carl Correns. DM 4.—.
7. W. Rauh. Weitere Untersuchungen an Didiereaceen. 1. Teil. DM 43.80

Inhalt des Jahrgangs 1962/64:

1. E. Rodenwaldt und H. Lehmann. Die antiken Emissare von Cosa-Ansedonia, ein Beitrag zur Frage der Entwässerung der Maremmen in etruskischer Zeit. DM 6.90.
2. Symposium über Automation und Digitalisierung in der Astronomischen Meßtechnik. Herausgegeben von H. Siedentopf. DM 32.80.
3. W. Jehne. Die Struktur der symplektischen Gruppe über lokalen und dedekindschen Ringen. DM 15.40.
4. W. Doerr. Gangarten der Arteriosklerose. DM 11.40.